Birkhäuser

Mathematik Kompakt

Herausgegeben von:

Martin Brokate
Heinz W. Engl
Karl-Heinz Hoffmann
Götz Kersting
Gernot Stroth
Emo Welzl

Die neu konzipierte Lehrbuchreihe *Mathematik Kompakt* ist eine Reaktion auf die Umstellung der Diplomstudiengänge in Mathematik zu Bachelor- und Masterabschlüssen. Ähnlich wie die neuen Studiengänge selbst ist die Reihe modular aufgebaut und als Unterstützung der Dozierenden sowie als Material zum Selbststudium für Studierende gedacht. Der Umfang eines Bandes orientiert sich an der möglichen Stofffülle einer Vorlesung von zwei Semesterwochenstunden. Der Inhalt greift neue Entwicklungen des Faches auf und bezieht auch die Möglichkeiten der neuen Medien mit ein. Viele anwendungsrelevante Beispiele geben den Benutzern Übungsmöglichkeiten. Zusätzlich betont die Reihe Bezüge der Einzeldisziplinen untereinander.

Mit *Mathematik Kompakt* entsteht eine Reihe, die die neuen Studienstrukturen berücksichtigt und für Dozierende und Studierende ein breites Spektrum an Wahlmöglichkeiten bereitstellt.

Numerische Mathematik

Eine Einführung anhand von Differentialgleichungsproblemen

Band 2: Instationäre Probleme

Walter Zulehner

Autoren:
Walter Zulehner
Institut für Numerische Mathematik
Johannes Kepler Universität
A-4040 Linz
Österreich
e-mail: zulehner@numa.uni-linz.ac.at

2010 Mathematical Subject Classification: 97-01

ISBN 978-3-7643-8428-9   e-ISBN 978-3-7643-8429-6
DOI 10.1007/978-3-7643-8429-6

Bibliografische Information der Deutschen Bibliothek
Die Deutsche Bibliothek verzeichnet diese Publikation in der Deutschen Nationalbibliografie;
detaillierte bibliografische Daten sind im Internet über <http://dnb.ddb.de> abrufbar.

Satz und Layout: Protago-T$_E$X-Production GmbH, Berlin, www.ptp-berlin.eu
Einbandentwurf: deblik, Berlin

Gedruckt auf säurefreiem Papier, hergestellt aus chlorfrei gebleichtem Zellstoff. TCF ∞

Springer Basel AG ist Teil der Fachverlagsgruppe Springer Science+Business Media

www.birkhauser-science.com

Vorwort

Der nun vorliegende Band über instationäre Probleme beschließt das zweibändige Lehrbuch, das auf der Grundlage von Vorlesungen zu Numerischer Mathematik entstand, die ich in den letzten Jahren an der Johannes Kepler Universität Linz im Rahmen des Bachelor-Studiums Technische Mathematik gehalten habe.

Ich bedanke mich bei den Herausgebern der Lehrbuchreihe Mathematik Kompakt für die Möglichkeit, bei diesem Projekt mitzuwirken. Ihre konstrukive Kritik hat wesentlich die Gestaltung des Buches beeinflusst. Beim Verlag möchte ich mich für die stets freundliche Zusammenarbeit bedanken. Meinen Kollegen Ulrich Langer und Clemens Pechstein gilt mein Dank für das sorgfältige Korrekturlesen des Manuskripts und die vielen Hinweise zur Verbesserung des Textes. Besonders bedanken möchte ich mich bei Ulrich Langer für seine langjährige Unterstützung. Sein Bild der Numerischen Mathematik hat mich sehr wesentlich geprägt.

Linz, August 2010   Walter Zulehner

Inhaltsverzeichnis

1 Einleitung

Die numerischen Problemstellungen, die in Band 1 diskutiert wurden, standen im engen Zusammenhang mit Randwertproblemen für Differentialgleichungen 2. Ordnung. Als ein einfaches Beispiel dieser Art diente das Problem der Bestimmung der Temperatur in einem Festkörper, siehe Band 1, Seiten 3, 4 und 7. Damals wurde vorausgesetzt, dass alle beteiligten Größen nur vom Ort, nicht aber von der Zeit abhängen. Die Differentialgleichung für die Temperaturverteilung $u(x) = T(x)$ lautet im eindimensionalen Fall:

$$-\lambda \, \frac{d^2 u}{dx^2} + \alpha \, u = \alpha \, T_0, \tag{1.1}$$

wobei wir hier und auch in der folgenden Diskussion der Einfachheit halber voraussetzen wollen, dass die Wärmeleitzahl λ und der Wärmeübergangskoeffizient α konstant sind.

Wir kehren nun zum ursprünglichen zeitabhängigen Problem zurück, das im Fall konstanter Dichte ρ und konstanter spezifischer Wärmekapazität c durch die Differentialgleichung

$$\rho c \, \frac{\partial u}{\partial t} - \lambda \, \frac{\partial^2 u}{\partial x^2} + \alpha \, u = \alpha \, T_0 \tag{1.2}$$

beschreibbar ist, siehe Band 1, Seite 4. Diese Differentialgleichung ist ein typisches Beispiel einer zeitabhängigen partiellen Differentialgleichung, im Speziellen einer so genannten parabolischen Differentialgleichung.

Ein weiteres Beispiel, diesmal aus der Mechanik, dient zur Motivation einer zweiten wichtigen Klasse von zeitabhängigen partiellen Differentialgleichungen, den so genannten hyperbolischen Differentialgleichungen:

Wir betrachten das Schwingungsverhalten eines elastischen Körpers. Wie beim obigen Temperaturproblem ist eine Bilanzgleichung (siehe Band 1, Seite 2) Ausgangspunkt für ein geeignetes Modell. Diesmal ist es die Bilanzgleichung für den Impuls, die folgende Form besitzt:

$$\frac{d}{dt} \int_\omega \rho \, v \, dx = \int_\omega \rho \, f \, dx + \int_{\partial \omega} P \, n \, ds,$$

wobei ρ die Dichte, v die Geschwindigkeit, P den Spannungstensor (eine $d \times d$ Matrix für die Raumdimension $d \in \{1, 2, 3\}$) des betrachteten Materials und f

eine gegebene äußere spezifische Kraftdichte bezeichnen. $\Omega \subset \mathbb{R}^d$ beschreibt den elastischen Körper in seiner (unverformten) Ausgangslage, $\omega \subset \Omega$ ist ein beliebiges aber fixes Teilgebiet mit Einheitsnormalvektor n in einem Punkt des Randes $\partial\omega$, der von ω aus gesehen nach außen zeigt. Analoge Überlegungen wie in Band 1, Seite 3, führen dann (bei hinreichender Glattheit) auf die Differentialgleichung (genauer ein System von d Differentialgleichungen)

$$\frac{\partial}{\partial t}(\rho\, v) - \operatorname{div} P = \rho f \quad \text{in } \Omega, \tag{1.3}$$

wobei $\operatorname{div} P$ die Divergenz der matrix-wertigen Funktion P bezeichnet: Die Divergenz $\operatorname{div} P$ ist ein d-dimensionaler Vektor, dessen i-te Komponente $(\operatorname{div} P)_i$ durch

$$(\operatorname{div} P)_i = \frac{\partial P_{i,1}}{\partial x_1} + \cdots + \frac{\partial P_{i,d}}{\partial x_d}$$

gegeben ist. Die Belastung durch die angreifende Kraft verursacht eine Veränderung der ursprünglichen Position $x \in \Omega$ eines Punktes zur neuen Position $\bar{x} = x + u(x, t)$ im Zeitpunkt t. Die so genannte Verschiebung $u(x, t)$ ist unsere gesuchte Funktion (der Zeit und des Ortes). Die zeitliche Änderung dieser Verschiebung stimmt mit der oben eingeführten Geschwindigkeit überein:

$$v = \frac{\partial u}{\partial t}.$$

Analog zum Fourierschen[1] Gesetz bei der Modellierung des Temperaturproblems brauchen wir auch hier noch die Abhängigkeit der Spannung P von u:

$$P = P(u).$$

Wir wollen der Einfachheit halber nur den eindimensionalen Fall von longitudinalen Schwingungen in einem geraden elastischen Stab diskutieren. (Eine Anwendung dafür ist z.B. die Belastung eines (schmalen) Brückenpfeilers durch den über die Brücke verlaufenden Verkehr.) In diesem Fall ist P eine 1×1 Matrix, also eine Zahl. Nimmt man an, dass das so genannte Hookesche[2] Gesetz gilt und dass nur kleine Verschiebungen auftreten, so gilt die Beziehung

$$P = E\, \frac{\partial u}{\partial x}, \tag{1.4}$$

wobei E den Elastizitätsmodul des Materials bezeichnet. Wir setzen voraus, dass ρ und E gegebene Konstanten sind. Dann erhält man durch Einsetzen von (1.4) in (1.3) folgende Differentialgleichung für die Verschiebung u:

$$\rho\frac{\partial^2 u}{\partial t^2} - E\frac{\partial^2 u}{\partial x^2} = \rho f. \tag{1.5}$$

---

[1] Jean Baptiste Joseph Fourier (1768–1830), französischer Mathematiker und Physiker
[2] Robert Hooke (1635–1703), englischer Physiker und Mathematiker

Die Differentialgleichungen (1.1), (1.2) und (1.5) sind Beispiele für die drei wichtigsten Klassen linearer partieller Differentialgleichungen:

1. Differentialgleichungen der Form

$$Lu(x) = f(x) \quad \text{für alle } x \in \Omega.$$

Natürlich sind zusätzlich geeignete Randbedingungen zu stellen, siehe Band 1. Wir wollen stets annehmen, dass eine Variationsformulierung des Randwertproblems bestehend aus der obigen Differentialgleichung und den geeigneten Randbedingungen zu einer elliptischer Bilinearform führt, siehe die Definition in Band 1, Seite 25. In diesem Fall sprechen wir von einem elliptischen Differentialoperator L, die entsprechende Differentialgleichung heißt elliptische Differentialgleichung. Offensichtlich ist (1.1) eine Differentialgleichung von dieser Form.

2. Differentialgleichungen der Form

$$\frac{\partial u}{\partial t}(x, t) + Lu(x, t) = f(x, t) \quad \text{für alle } (x, t) \in Q_T$$

mit einem elliptischen Differentialoperator L, siehe oben, und dem so genannten Raum-Zeit-Zylinder $Q_T = \Omega \times (0, T)$, wobei das Intervall $[0, T]$ den Zeitraum vom Anfangszeitpunkt $t = 0$ bis zum gewählten Endzeitpunkt $t = T > 0$ repräsentiert. Wir sprechen hier von einer parabolischen Differentialgleichung. Neben den schon bekannten Randbedingungen benötigt man noch eine zusätzliche Anfangsbedingung, typischerweise:

$$u(x, 0) = u_0(x) \quad \text{für alle } x \in \overline{\Omega},$$

wobei $u_0(x)$ vorgegeben ist. Offensichtlich ist (1.2) nach Division durch die Konstante ρc eine Differentialgleichung von dieser Form. In diesem Beispiel bedeutet die Anfangsbedingung, dass eine gegebene Anfangstemperatur vorgeschrieben wird.

3. Differentialgleichungen der Form

$$\frac{\partial^2 u}{\partial t^2}(x, t) + Lu(x, t) = f(x, t) \quad \text{für alle } (x, t) \in Q_T$$

mit einem elliptischen Differentialoperator L. Wir sprechen in diesem Fall von einer hyperbolischen Differentialgleichung. Als Anfangsbedingungen schreibt man typischerweise sowohl Werte für u als auch für die partielle Zeitableitung von u, jeweils zum Anfangszeitpunkt $t = 0$, vor:

$$u(x, 0) = u_0(x) \quad \text{für alle } x \in \overline{\Omega},$$

$$\frac{\partial u}{\partial t}(x, 0) = v_0(x) \quad \text{für alle } x \in \overline{\Omega}$$

mit gegebenen Funktionen u_0 und v_0. Offensichtlich ist (1.5) nach Division durch die Konstante ρ eine Differentialgleichung von dieser Form. In diesem

Beispiel bedeuten die Anfangsbedingungen, dass man sowohl die Verschiebung als auch die Geschwindigkeit zum Anfangszeitpunkt vorgibt.

Wie schon in Band 1 festgestellt wurde, ist es nicht die Absicht des Buches einen Überblick über verschiedene numerische Zugänge zu den einzelnen mathematischen Problemstellungen zu bieten, sondern es soll einen Einblick durch ausgewählte Techniken gewähren. Für instationäre Probleme beschränken wir uns auf die Klasse der Runge-Kutta-Verfahren. Sofern auch bezüglich einer Ortsvariablen zu diskretisieren ist, greifen wir auf die Methoden zurück, die in Band 1 diskutiert wurden. Ist nach der (vollständigen) Diskretisierung des Problems ein lineares oder nichtlineares algebraisches Gleichungssystem zu lösen, wird ebenfalls auf Band 1 verwiesen.

Die Wahl der Zeitdiskretisierungstechnik fiel auf die Klasse der Runge-Kutta-Verfahren, weil sie einerseits sehr einfache Verfahren wie das Eulersche Polygonzugverfahren enthält, das sich hervorragend eignet, um die zentralen Begriffe Konsistenz, Stabilität und Konvergenz einzuführen und deren Zusammenhang in einem technisch einfachen Umfeld darzustellen. Andererseits ist diese Klasse flexibel genug, um auf die speziellen Anforderungen, wie sie bei parabolischen und hyperbolischen Anfangsrandwertproblemen auftreten, angemessen zu reagieren.

Kurz zum Inhalt des zweiten Bandes: In den beiden folgenden Kapiteln 2 und 3 werden wir uns mit Anfangsrandwertproblemen parabolischer Differentialgleichungen beschäftigen. Nach der Entwicklung einer präzisen Problemformulierung in geeigneten Funktionenräumen in Kapitel 2 geht es in Kapitel 3 vor allem um die Diskretisierung bezüglich der Ortsvariablen x. Hier werden wir wie in Band 1 vorgehen und eine Finite-Elemente-Methode verwenden. Am Ende erhalten wir ein Anfangswertproblem eines Systems von (zeitabhängigen) gewöhnlichen Differentialgleichungen 1. Ordnung.

Diese Problemklasse ist dann Gegenstand der Diskussion in den Kapiteln 4 und 5, wobei wir aber zunächst allgemeine Anfangswertprobleme behandeln, nicht nur solche, die durch die Ortsdiskretisierung parabolischer Probleme entstehen. Wir beschränken uns dabei auf eine wichtige Klasse von Verfahren zur numerischen Lösung von Anfangswertproblemen, die Klasse der Runge-Kutta-Verfahren. Spezifische Anforderungen an die numerischen Verfahren, wie sie typischerweise bei den speziellen Anfangswertproblemen aus Kapitel 3 vorliegen, werden anschließend diskutiert.

Kapitel 6 widmet sich dann Anfangsrandwertproblemen hyperbolischer Differentialgleichungen. Wir werden sehen, dass einerseits vieles parallel zu der Diskussion parabolischer Systeme funktioniert, dass es sich andererseits aber auch lohnt, die spezielle Struktur hyperbolischer Probleme auszunutzen. Das gilt auch für das durch die Ortsdiskretisierung entstehende System von gewöhnlichen Differentialgleichungen: Die ortsdiskretisierten hyperbolischen Probleme führen auf Anfangswertprobleme für Systeme von gewöhnlichen Differentialgleichungen 2. Ordnung. Während man in Kapitel 7 davon profitiert, diese Problemstellungen auf den in Kapitel 4 behandelten Fall von Systemen 1. Ordnung zurückzuführen, bietet die spezielle Form zusätzliche wichtige Möglichkeiten, die Thema von Kapitel 8 sind und auf die erweiterte Klasse der partitionierten Runge-Kutta-Verfahren führt.

Am Ende jedes Kapitels werden einige Übungsaufgaben formuliert. Sie bieten die Möglichkeit, den Inhalt des jeweiligen Kapitels zu vertiefen bzw. zu erweitern.

Vor den Übungsaufgaben findet man einige wenige ergänzende Hinweise auf weiterführende Literatur, so zu sagen als Startpunkte für Vertiefungen, Erweiterungen und Alternativen. Verweise auf den Band 1 beziehen sich auf [16].

2 Variationsformulierung eines parabolischen Anfangsrandwertproblems

Wir beginnen die Diskussion von instationären Problemen mit parabolischen Differentialgleichungen und benötigen dazu zunächst alle Größen, die bereits für ein (elliptisches) Randwertproblem in Band 1, Kapitel 7 eingeführt wurden: Eine offene Menge $\Omega \subset \mathbb{R}^d$ mit der Raumdimension $d \in \{1, 2, 3\}$, zwei disjunkte Teilmengen Γ_D und Γ_N, die den ganzen Rand $\Gamma = \partial\Omega = \Gamma_D \cup \Gamma_N$ umfassen und einen (linearen) Differentialoperator L, gegeben durch

$$Lv(x) = -\sum_{i,k=1}^{d} \frac{\partial}{\partial x_i}\left(a_{ik}(x)\,\frac{\partial v}{\partial x_k}(x)\right) + \sum_{i=1}^{d} b_i(x)\frac{\partial v}{\partial x_i}(x) + c(x)v(x)$$

$$= -\operatorname{div}\left(A(x)\operatorname{grad} v(x)\right) + b(x)\cdot\operatorname{grad} v(x) + c(x)v(x)$$

mit den Koeffizienten $A(x) = (a_{ik}(x))_{i,k=1,\dots,d}$, $b(x) = (b_i(x))_{i=1,\dots,d}$ und $c(x)$. Wir betrachten das folgende typische Anfangsrandwertproblem: Gesucht ist eine Funktion u auf $\overline{Q}_T$, dem Abschluss der Menge $Q_T = \Omega \times (0, T)$ (siehe Einleitung), welche die Differentialgleichung

$$\frac{\partial u}{\partial t}(x, t) + Lu(x, t) = f(x, t) \ \text{ für alle } (x, t) \in Q_T,$$

die Randbedingungen

$$u(x, t) = g_D(x, t) \quad \text{für alle } (x, t) \in \Gamma_D \times (0, T),$$
$$A(x)\operatorname{grad} u(x, t)\cdot n(x) = g_N(x, t) \quad \text{für alle } (x, t) \in \Gamma_N \times (0, T)$$

und die Anfangsbedingung

$$u(x, 0) = u_0(x) \quad \text{für alle } x \in \overline{\Omega}$$

für vorgegebene Daten A, b, c, f, g_D, g_N und u_0 erfüllt.

Diese Problemstellung unterscheidet sich von den Randwertproblemen aus Band 1, Kapitel 7 vor allem in folgenden Punkten:

1. An die Stelle der Menge $\Omega \subset \mathbb{R}^d$, auf der die Differentialgleichung zu erfüllen ist, tritt der Raum-Zeit-Zylinder $Q_T \subset \mathbb{R}^{d+1}$. Die Dimension des Problems hat sich gewissermaßen um 1 erhöht. Dennoch werden wir in weiterer Folge auch bei instationären Problemstellungen von einem d-dimensionalen Problem sprechen und meinen damit stets die Raumdimension, also die Dimension der Ortsvariablen x.

2. Nicht am gesamten Rand $\Sigma_T = \partial Q_T$ der Menge Q_T werden zusätzliche Bedingungen gestellt: Die Menge $\overline{Q}_T$ lässt sich als ein Zylinder mit der Grundfläche $\overline{\Omega} \times \{0\}$, dem Mantel $\partial\Omega \times (0, T)$ und der Deckfläche $\overline{\Omega} \times \{T\}$ interpretieren, wenn man die Zeitachse als Zylinderachse wählt. Die Anfangsbedingung legt die Werte von u auf der Grundfläche fest, die Randbedingungen bestimmen Daten von u am Mantel. Keine Bedingungen werden auf der Deckfläche vorgegeben. Durch diese Vorgaben entsteht ein korrekt gestelltes Problem (siehe Band 1, Seite 19).

Für das zugrunde liegende Randwertproblem, das durch den Differentialoperator L und die Randbedingungen bestimmt ist, werden wir stets die Bedingungen des Satzes von Lax[1]-Milgram[2] voraussetzen, d.h.: Die Bilinearform der Variationsformulierung des Randwertproblems ist elliptisch und beschränkt, das lineare Funktional auf der rechten Seite ist beschränkt. Wir lassen zeitabhängige rechte Seiten f, g_D und g_N zu, beschränken uns aber der Einfachheit halber auf zeitunabhängige Koeffizienten A, b und c des Differentialoperators L.

Bemerkung. Wie schon in Band 1 angemerkt, erfordert eine vollständige Problemformulierung geeignete Annahmen über die Menge Ω und ihren Rand, wie z.B.: Ω sei eine beschränkte offene Menge mit Lipschitz[3]-stetigem Rand. Wir werden uns auch in diesem Band mit dieser Problematik nicht näher beschäftigen.

Wie bei der Diskussion der Randwertprobleme in Band 1 greifen wir auch aus der Klasse von Anfangsrandwertproblemen ein einfacheres Modellproblem heraus:

Beispiel   **Das d-dimensionale parabolische Modellproblem.** Für $A(x) = I$, $b(x) = 0$, $c(x) = 0$ erhalten wir als Spezialfall:

$$\frac{\partial u}{\partial t}(x, t) - \Delta u(x, t) = f(x, t) \qquad \text{für alle } (x, t) \in Q_T,$$

$$u(x, t) = g_D(x, t) \qquad \text{für alle } (x, t) \in \Gamma_D \times (0, T),$$

$$\frac{\partial u}{\partial n}(x, t) = g_N(x, t) \qquad \text{für alle } (x, t) \in \Gamma_N \times (0, T),$$

$$u(x, 0) = u_0(x) \qquad \text{für alle } x \in \overline{\Omega},$$

wobei Δ den so genannten Laplace[4]-Operator bezeichnet:

$$\Delta u = \sum_{i=1}^{d} \frac{\partial^2 u}{\partial x_i^2}.$$

Die obige Differentialgleichung heißt Wärmeleitungsgleichung (engl.: heat equation). Sie beschreibt unter anderem die Temperaturverteilung in einem Körper aufgrund von Wärmeleitung, siehe Band 1, Seite 4.

---

[1] Peter David Lax (*1926), ungarischer Mathematiker
[2] Arthur Norton Milgram (1912–1961), amerikanischer Mathematiker
[3] Rudolf Otto Sigismund Lipschitz (1832–1903), deutscher Mathematiker
[4] Pierre-Simon Laplace (1749–1827), französischer Mathematiker und Astronom

Wir betrachten dieses Problem auf dem Gebiet $\Omega = (0, 1)^d$ mit Dirichlet[5]-Rand $\Gamma_D = \{x \in \partial\Omega : (x_1 = 0) \vee (x_2 = 0) \vee \ldots \vee (x_d = 0)\}$ und Neumann[6]-Rand $\Gamma_N = \Gamma \setminus \Gamma_D$.

Im Speziellen erhalten wir für $d = 1$ das eindimensionale parabolische Modellproblem

$$\frac{\partial u}{\partial t}(x, t) - \frac{\partial^2 u}{\partial x^2}(x, t) = f(x, t) \quad \text{für alle } (x, t) \in (0, 1) \times (0, T),$$

$$u(0, t) = g_0(t) \quad \text{für alle } t \in (0, T),$$

$$\frac{\partial u}{\partial x}(1, t) = g_1(t) \quad \text{für alle } t \in (0, T),$$

$$u(x, 0) = u_0(x) \quad \text{für alle } x \in [0, 1]$$

mit $g_0(t) = g_D(0, t)$ und $g_1(t) = g_N(1, t)$. Dieses Modell beschreibt z.B. die zeitliche Entwicklung der Temperaturverteilung in einem dünnen Metallstab. Mit den Bezeichnungen aus (1.2) handelt es sich um den Spezialfall $c\,\rho = 1, \lambda = 1$, $\alpha = 0$ und einer allgemeinen rechten Seite $f(x, t)$, die als Wärmequellendichte interpretierbar ist.

Für die konkreten Daten

$$f(x, t) = 0, \ g_0(t) = 0, \ g_1(t) = 0, \ u_0(x) = \sin(\omega x)$$

mit $\omega = \left(k - \frac{1}{2}\right)\pi$ und $k \in \mathbb{N}$ erhält man die Lösung

$$u(x, t) = e^{-\omega^2 t} \sin(\omega x).$$

Obwohl es sich hier um ein sehr spezielles Beispiel handelt, erkennt man bereits eine wesentliche Eigenschaft parabolischer Probleme: Für $f = g_G = g_N = 0$ klingen Lösungen exponentiell ab. Mehr dazu am Ende dieses Kapitels. Je hochfrequenter die Abhängigkeit der Anfangswerte von x ist (d.h. je größer k ist), desto schneller klingt die Lösung in t ab: Die Lösung wird mit zunehmendem t immer „glatter" in x.

Variationsformulierung

Wir werden nun eine Variationsformulierung für das eindimensionale parabolische Modellproblem herleiten. Der Einfachheit halber betrachten wir nur den Fall homogener Dirichlet-Daten:

$$g_0(t) = 0.$$

Die Diskussion, wie wir das ursprüngliche Problem auf diesen homogenen Fall reduzieren können, verläuft völlig analog zur entsprechenden Diskussion im Band 1, Seite 20: Man benötigt dazu eine Funktion $g(x, t)$, welche die Bedingung $g(0, t) = g_0(t)$ erfüllt (z.B.: die in x konstante Funktion $g(x, t) = g_0(t)$) und wählt für die Lösung

---

[5]Johann Peter Gustav Lejeune Dirichlet (1805–1859), deutscher Mathematiker
[6]Carl Gottfried Neumann (1832–1925), deutscher Mathematiker

den Ansatz $u(x, t) = g(x, t) + w(x, t)$. Die gesuchte Funktion $w(x, t)$ ist dann Lösung des gleichen Anfangsrandwertproblems mit veränderten rechten Seiten (in der Differentialgleichung, in der Randbedingung bei $x = 1$ und in der Anfangsbedingung) und einer homogenen Dirichlet-Randbedingung bei $x = 0$.

Es stehen zwei unterschiedliche Möglichkeiten einer Variationsformulierung zur Auswahl: Entweder multipliziert man mit Testfunktionen $v(x, t)$ mit $(x, t) \in Q_T$ und integriert über Q_T, oder aber man wählt Testfunktionen $v(x)$ mit $x \in \Omega$ und integriert über Ω. Wir werden den zweiten Weg einschlagen und verweisen bezüglich der ersten Strategie auf die einschlägige Literatur am Ende des Kapitels. Wie man sofort sieht, erhält man durch die zweite Strategie für das eindimensionale parabolische Modellproblem nach partieller Integration und Einarbeitung der Randbedingungen die folgende Gleichung:

$$\int_0^1 \frac{\partial u}{\partial t}(x, t)\, v(x)\, dx + \int_0^1 \frac{\partial u}{\partial x}(x, t)\, \frac{\partial v}{\partial x}(x)\, dx = \int_0^1 f(x, t)v(x)\, dx + g_1(t)\, v(1).$$

Wie immer gehen wir in dieser Phase davon aus, dass alle beteiligten Funktionen hinreichend oft differenzierbar und entsprechend integrierbar sind und kümmern uns erst im Nachhinein um die geeigneten Funktionenräume. In diesem Sinne dürfen im ersten Term Zeitableitung und Integration vertauscht werden, und wir erhalten folgendes Variationsproblem: Gesucht ist eine Funktion $u: [0, 1] \times [0, T] \longrightarrow \mathbb{R}$ mit $u(0, t) = 0$ für alle $t \in (0, T)$, sodass

$$\frac{d}{dt} \int_0^1 u(x, t)\, v(x)\, dx + \int_0^1 \frac{\partial u}{\partial x}(x, t)\, \frac{\partial v}{\partial x}(x)\, dx = \int_0^1 f(x, t)v(x)\, dx + g_1(t)\, v(1)$$

für alle $v \in V = \{w \in H^1(0, 1): w(0) = 0\}$ und alle $t \in (0, T)$ gilt, und die Anfangsbedingung

$$u(x, 0) = u_0(x) \quad \text{für alle } x \in [0, 1]$$

erfüllt ist. Um zu einer kompakteren Darstellung zu kommen, betrachten wir u nicht gleichrangig als Funktion von x und t, sondern in erster Linie als Funktion von t, deren Werte Funktionen in x sind:

$$u(t)(x) = u(x, t).$$

Damit wird u zu einer Abbildung $u: [0, T] \longrightarrow V \subset H^1(0, 1)$ und die Variationsgleichung erhält folgendes Aussehen:

$$\frac{d}{dt} \underbrace{\int_0^1 u(t)(x)\, v(x)\, dx}_{(u(t),\, v)_{L_2(0,1)}} + \underbrace{\int_0^1 \frac{\partial u(t)}{\partial x}(x)\, \frac{\partial v}{\partial x}(x)\, dx}_{a(u(t),\, v)} = \underbrace{\int_0^1 f(x, t)v(x)\, dx + g_1(t)\, v(1)}_{\langle f(t),\, v \rangle}.$$

Man beachte, dass in der Variationsgleichung neben der bereits bekannten Bilinearform a eine weitere Bilinearform, nämlich das L_2-Skalarprodukt auftritt. Also ist neben dem aus der Diskussion von Randwertproblemen bereits vertrauten Hilbert[7]-Raum $V \subset H^1(0, 1)$ mit Skalarprodukt $(w, v)_V = (w, v)_{H^1(0,1)}$ ein weiterer Hilbert-Raum $H = L_2(0, 1)$ mit dem Skalarprodukt $(w, v)_H = (w, v)_{L_2(0,1)}$ im Spiel.

---

[7]David Hilbert (1862–1943), deutscher Mathematiker

Funktionenräume

Wir müssen sicherstellen, dass alle Terme im obigen Variationsproblem wohldefiniert sind. Sowohl $(w, v)_H$ als auch $a(w, v)$ sind für fixes $v \in V$ lineare und beschränkte Funktionale in w. Die Abbildungen $t \mapsto (u(t), v)_H$ und $t \mapsto a(u(t), v)$ sind also Spezialfälle von Abbildungen der Form $t \mapsto \langle \ell, u(t) \rangle$ mit $\ell \in V^*$. Von allen solchen Abbildungen wollen wir voraussetzen, dass sie Lebesgue[8]-messbar sind. Das führt auf folgende Definition:

> Eine Funktion $w \colon (0, T) \longrightarrow V$ heißt *Bochner[9]-messbar*, falls die Funktionen $t \mapsto \langle \ell, w(t) \rangle$ für alle $\ell \in V^*$ auf $(0, T)$ Lebesgue-messbar sind. **Definition**

Bemerkung. Genau genommen erfordert der Begriff von Bochner-messbaren Funktionen mehr Arbeit, die allgemeine Definition findet man z.B. in [15]. Alle uns interessierenden Funktionenräume V sind so genannte reelle separable Banach[10]-Räume. In diesem Fall ist die allgemeine Definition äquivalent zur obigen Definition (nach dem Satz von Pettis, siehe [15]) und wir ersparen uns diese Arbeit.

Für eine Bochner-messbare Funktion $v \colon (0, T) \longrightarrow V$ kann man zeigen, dass die reelle Abbildung $t \mapsto \|v(t)\|_V$ auf $(0, T)$ Lebesgue-messbar ist. Das erlaubt uns, Räume von quadratisch integrierbaren Funktionen folgendermaßen zu definieren:

> $L_2((0, T), V)$ ist die Menge aller Bochner-messbaren Funktionen $v \colon (0, T) \longrightarrow V$, für die gilt **Definition**
> $$\|v\|_{L_2((0,T),V)} = \left(\int_0^T \|v(t)\|_V^2 \, dt \right)^{1/2} < \infty.$$

Es lässt sich zeigen, dass $L_2((0, T), V)$ mit der Norm $\|v\|_{L_2((0,T),V)}$ ein vollständiger normierter Raum ist.

Der Ausdruck $\langle f(t), v \rangle$ auf der rechten Seite ist als Wert eines zeitabhängigen linearen und stetigen Funktionals $f(t) \in V^*$ für das Argument $v \in V$ zu verstehen. Von der entsprechenden Abbildung $f \colon (0, T) \longrightarrow V^*$ mit $t \mapsto f(t)$ wollen wir voraussetzen, dass sie Bochner-messbar und quadratisch integrierbar ist. Diese Begriffe sind genauso wie vorhin zu verstehen, mit dem Unterschied, dass anstelle von V der Dualraum V^* tritt. Also setzen wir voraus, dass

$$f \in L_2((0, T), V^*).$$

Die Norm von f ist durch

$$\|f\|_{L_2((0,T),V^*)} = \left(\int_0^T \|f(t)\|_{V^*}^2 \, dt \right)^{1/2}$$

gegeben. Auch der Raum $L_2((0, T), V^*)$ ist vollständig.

---

[8] Henri Léon Lebesgue (1875–1941), französischer Mathematiker
[9] Salomon Bochner (1899–1982), US-amerikanischer Mathematiker, geboren im heutigen Polen
[10] Stefan Banach (1892–1945), polnischer Mathematiker

Als nächster Punkt ist zu klären, was unter der Zeitableitung von $(u(t), v)_H$ zu verstehen ist. Für $u \in L_2((0, T), V)$ sieht man sofort, dass die reelle Funktion $t \mapsto (u(t), v)_H$ in $L_2(0, T)$ liegt. Für solche Funktionen haben wir in Band 1, Seite 10 den Begriff der schwachen Ableitung eingeführt. Unter dem Ausdruck $\frac{d}{dt}(u(t), v)_H$ wollen wir also die schwache Ableitung der reellen Funktion $t \mapsto (u(t), v)_H$ bezüglich t verstehen. Wir setzen voraus, dass $\frac{d}{dt}(u(t), v)_H$ linear und stetig in v bleibt, dass also dadurch ein Element aus V^* gegeben ist, das wir mit $u'(t)$ bezeichnen:

$$\langle u'(t), v \rangle = \frac{d}{dt}(u(t), v)_H.$$

Für die entsprechende Abbildung $u' \colon (0, T) \longrightarrow V^*$ mit $t \mapsto u'(t)$ werden wir stets annehmen, dass

$$u' \in L_2((0, T), V^*).$$

Diese Überlegungen werden in der folgenden Definition der so genannten verallgemeinerten Ableitung einer Funktion $w \in L_2((0, T), V)$ zusammengefasst:

Definition   Eine Funktion $w' \in L_2((0, T), V^*)$ heißt *verallgemeinerte Ableitung* einer Funktion $w \in L_2((0, T), V)$, falls für alle $v \in V$ die Funktion $t \mapsto \langle w'(t), v \rangle$ die schwache Ableitung der Funktion $t \mapsto (w(t), v)_H$ auf $(0, T)$ ist, d.h.:

$$\int_0^T \varphi(t) \langle w'(t), v \rangle \, dt = - \int_0^T \varphi'(t)(w(t), v)_H \, dt \quad \text{für alle } v \in V, \ \varphi \in C_0^\infty(0, T).$$

Die verallgemeinerte Ableitung einer Funktion w ist, sofern sie existiert, durch diese Definition als integrierbare Funktion eindeutig bestimmt.

Wir sind nun in der Lage, jenen Funktionenraum einzuführen, in dem wir unsere Lösung u suchen. Wir fordern, dass sowohl u als auch u' quadratisch integrierbare Funktionen sind. Das führt (analog zu Band 1, Seite 12) direkt zur folgenden Definition:

Definition   Der Sobolew[11]-Raum $H^1((0, T), V; H)$ bezeichnet die Menge aller Funktionen $v \in L_2((0, T), V)$, die eine verallgemeinerte Ableitung $v' \in L_2((0, T), V^*)$ besitzen:

$$H^1((0, T), V; H) = \{v \in L_2((0, T), V) \colon v' \in L_2((0, T), V^*)\}.$$

In $H^1((0, T), V; H)$ ist durch

$$\|v\|_{H^1((0,T),V;H)} = \sqrt{\|v\|^2_{L_2((0,T),V)} + \|v'\|^2_{L_2((0,T),V^*)}}$$

$$= \left(\int_0^T \|v(t)\|^2_V \, dt + \int_0^T \|v'(t)\|^2_{V^*} \, dt \right)^{1/2}$$

eine Norm gegeben.

---

[11] Sergei Lwowitsch Sobolew (1908–1989), russischer Mathematiker

In der Bezeichnung des Funktionenraumes $H^1((0, T), V; H)$ taucht neben V berechtigterweise auch der Raum H auf, da in der Definition der verallgemeinerten Ableitung auch H benötigt wurde.

Es lässt sich zeigen, dass $H^1((0, T), V; H)$ ein vollständiger Raum ist.

Neben diesen Lebesgue- und Sobolew-Räumen werden wir häufig auch Funktionenräume mit höherer Glattheit in t verwenden, entweder weil dadurch Beweise einfacher werden oder weil höhere Glattheit für die Beweisführung erforderlich ist:

Definition

Sei X ein normierter Raum. Dann bezeichnet $C([0, T], X)$ die Menge der stetigen Funktionen $v: [0, T] \longrightarrow X$. Für $k \in \mathbb{N}$ bezeichnet $C^k([0, T], X)$ die Menge jener stetigen Funktionen $v: [0, T] \longrightarrow X$, die klassische Ableitungen (wie üblich als Grenzwert von Differenzenquotienten definiert) bis zur Ordnung k besitzen, die auf $[0, T]$ stetig sind.

Für die endgültige Formulierung des Variationsproblems ist der folgende Satz von großer Bedeutung, vergleiche mit dem Lemma auf Seite 13 und der Bemerkung auf Seite 46 aus Band 1.

Satz

$H^1((0, T), V; H) \subset C([0, T], H)$. Es gibt eine Konstante $C > 0$ mit

$$\max_{t \in [0, T]} \|v(t)\|_H \leq C \|v\|_{H^1((0, T), V; H)} \quad \text{für alle } v \in H^1((0, T), V; H).$$

Für den Beweis siehe die Übungsaufgaben 4 und 5.

Dieser Satz rechtfertigt erst die Wohldefiniertheit von $u(t) \in H$, im Speziellen von $u(0) \in H$, für Funktionen aus $H^1((0, T), V; H)$. Dies wird zur korrekten Formulierung der Anfangsbedingung benötigt.

Das endgültige Variationsproblem

Nach diesen Vorbereitungen erhalten wir also folgende Variationsformulierung unseres Anfangsrandwertproblems: Gesucht ist $u \in H^1((0, T), V; H)$, sodass

$$\frac{d}{dt}(u(t), v)_H + a(u(t), v) = \langle f(t), v \rangle \quad \text{für alle } v \in V \text{ für fast alle } t \in (0, T),$$

$$u(0) = u_0$$

mit den Hilbert-Räumen

$$H = L_2(0, 1), \quad V = \{v \in H^1(0, 1): v(0) = 0\},$$

einem gegebenen Anfangswert $u_0 \in H$ und

$$a(w, v) = \int_0^1 \frac{\partial w}{\partial x}(x) \frac{\partial v}{\partial x}(x)\, dx, \quad \langle f(t), v \rangle = \int_0^1 f(x, t)\, v(x)\, dx + g_1(t)\, v(1).$$

Dabei bedeutet der verwendete Ausdruck „für fast alle $t \in (0, T)$", dass die Aussage

$$\frac{d}{dt}(u(t), v)_H + a(u(t), v) = \langle f(t), v \rangle \quad \text{für alle } v \in V$$

für alle $t \in (0, T)$ bis auf eine Menge vom Lebesgue-Maß 0 zu gelten hat, denn das ist der richtige Gleichheitsbegriff für Lebesgue-messbare Funktionen.

Das abstrakte Problem

Es ist klar, dass Variationsformulierungen für allgemeine parabolische Anfangsrandwertprobleme zu analogen Problemstellungen mit entsprechenden Hilbert-Räumen, Bilinearformen und linearen Funktionalen führen. Abstrahiert man von den (nicht so wesentlichen) Details der Aufgabenstellung, so lautet das entstehende abstrakte Problem: Gesucht ist $u \in H^1((0, T), V; H)$, sodass

$$\frac{d}{dt}(u(t), v)_H + a(u(t), v) = \langle f(t), v \rangle \quad \text{für alle } v \in V$$
$$\text{für fast alle } t \in (0, T), \tag{2.1}$$
$$u(0) = u_0$$

für gegebene Daten

$$u_0 \in H \quad \text{und} \quad f \in L_2((0, T), V^*)$$

und mit einer Bilinearform $a(w, v)$ auf V, die folgende Voraussetzungen erfüllt:

1. a ist elliptisch, d.h.: es gibt eine Konstante $\mu_1 > 0$ mit

$$a(v, v) \geq \mu_1 \|v\|_V^2 \quad \text{für alle } v \in V, \tag{V1}$$

2. a ist beschränkt, d.h.: es gibt eine Konstante $\mu_2 > 0$ mit

$$|a(w, v)| \leq \mu_2 \|w\|_V \|v\|_V \quad \text{für alle } w, v \in V. \tag{V2}$$

Die Hilbert-Räume H und V sollen die folgenden Voraussetzungen erfüllen:

1. $V \subset H$,

2. es gibt eine Konstante $c > 0$ mit

$$\|v\|_H \leq c \|v\|_V \quad \text{für alle } v \in V, \tag{V3}$$

3. V liegt dicht in H.

Alle Voraussetzungen sind für das Modellproblem erfüllt.

Die bisher speziell für das Modellproblem eingeführten Begriffe und Aussagen lassen sich auf den allgemeinen Fall übertragen. Dabei erfordert die Bedeutung der dritten Voraussetzung an V und H eine kurze Erläuterung: Jedem Element $w \in H$ lässt sich ein stetiges lineares Funktional auf H, nämlich $v \mapsto (w, v)_H$, zuordnen. Der Rieszsche[12] Darstellungssatz, siehe Band 1, Seite 21, besagt, dass diese Zuordnung,

---

[12]Frigyes Riesz (1880–1956), ungarischer Mathematiker

die in Band 1 mit $\mathcal{I}$ bezeichnet wurde, ein Isomorphismus ist. (Die Inverse $\mathcal{R}$ von $\mathcal{I}$ ist der Riesz-Isomorphismus.) In diesem Sinne kann also H mit seinem Dualraum H^* identifiziert werden, kurz:

$$H = H^*.$$

Ist V dicht in H, dann ist das stetige lineare Funktional $v \mapsto (w, v)_H$ bereits eindeutig durch seine Werte für $v \in V$ bestimmt. Wegen der obigen zweiten Bedingung ist diese lineare Abbildung auf V auch bezüglich der Norm von V stetig und somit ein Element im Dualraum V^*. In diesem Sinne lässt sich also H^* mit einem Teilraum von V^* identifizieren, kurz:

$$H^* \subset V^*.$$

Unter den obigen Bedingungen gilt also (richtig interpretiert):

$$V \subset H \subset V^*.$$

Man spricht in diesem Fall von einem Evolutionstripel oder Gelfand[13]-Tripel.

Eine klassische Ableitung $u'(t)$, sofern sie existiert und in H liegt, lässt sich also mit dem linearen Funktional $v \mapsto (u'(t), v)_H$ aus V^* identifizieren. In diesem Sinne stimmt die klassische Ableitung mit der verallgemeinerten Ableitung überein:

$$\langle u'(t), v \rangle = (u'(t), v)_H.$$

Das rechtfertigt auch die Verwendung der gleichen Bezeichnung.

Bemerkung. Benutzt man den in Band 1, Seite 23 eingeführten Operator $A : V \longrightarrow V^*$, so lässt sich die Differentialgleichung in (2.1) auch folgendermaßen schreiben:

$$u' + Au = f \quad \text{in} \quad L_2((0, T), V^*).$$

Man spricht von einer (gewöhnlichen) Differentialgleichung im Banach-Raum.

In Band 1 untersuchten wir nach der Variationsformulierung die Existenz und Eindeutigkeit der unendlich-dimensionalen Problemstellung, um daraus entscheidende Schlussfolgerungen für die erfolgreiche numerische Behandlung zu ziehen. Hier verfahren wir geradezu umgekehrt. Die numerische Methode liefert die entscheidenden Hinweise, um die Existenz der Lösung der unendlich-dimensionalen Problemstellung zu zeigen. Wir können also keine wesentlichen Schlussfolgerungen aus einem genauen Verständnis der unendlich-dimensionalen Problemstellung gewinnen. Daher begnügen wir uns damit, das Ergebnis dieser Analyse zu präsentieren und verweisen bezüglich des Beweises auf die Literatur, im Speziellen auf [14]:

Seien V und H separable Hilbert-Räume, die ein Evolutionstripel bilden und sei a eine Bilinearform auf V mit den Eigenschaften (V1) und (V2). Dann gibt es für Daten

$$u_0 \in H, \quad f \in L_2((0, T), V^*)$$

Satz

---

[13] Israel Moissejewitsch Gelfand (1913–2009), ukrainischer Mathematiker

eine eindeutige Lösung $u \in H^1((0, T), V; H)$ des Anfangswertproblems (2.1), und es gilt:

$$\|u\|_{H^1((0,T),V;H)} \leq C \left(\|u_0\|_H + \|f\|_{L_2((0,T),V^*)} \right)$$

mit einer von u, u_0 und f unabhängigen Konstanten C.

Die folgende Abschätzung verdeutlicht das typische Verhalten von Lösungen parabolischer Probleme. Ähnliche Abschätzungen werden auch bei der Analyse der numerischen Methoden für parabolische Probleme von großer Bedeutung sein:

Satz
Zusätzlich zu den Voraussetzungen des letzten Satzes gelte: $f \in L_2((0, T), H)$. Dann folgt:

$$\|u(t)\|_H \leq e^{-\alpha t} \|u_0\|_H + \int_0^t e^{-\alpha(t-s)} \|f(s)\|_H \, ds \quad \text{für alle } t \in (0, T)$$

mit $\alpha = \mu_1/c^2$, wobei $\mu_1 > 0$ die Konstante in (V1) und $c > 0$ die Konstante in (V3) bezeichnen.

Beweis. Wir führen den Beweis nur für den Fall, dass $f \in C([0, T], V)$ und $u \in C^1([0, T], V)$. Dann stehen uns die klassischen Begriffe von Differenzierbarkeit und Integrierbarkeit bezüglich t zur Verfügung. Den technisch aufwändigeren Beweis für den allgemeinen Fall findet man z.B. in [14].

Setzt man in (2.1) speziell $v = u(t)$, so erhält man

$$(u'(t), u(t))_H + a(u(t), u(t)) = (f(t), u(t))_H \quad \text{für alle } t \in (0, T).$$

Nun gilt, siehe Übungsaufgabe 4 auf Seite 16:

$$(u'(t), u(t))_H = \frac{1}{2} \frac{d}{dt}(u(t), u(t))_H \quad \text{für alle } t \in (0, T).$$

Damit folgt für alle $t \in (0, T)$ mit $u(t) \neq 0$:

$$\begin{aligned}
\|u(t)\|_H \frac{d}{dt} \|u(t)\|_H &= \frac{1}{2} \frac{d}{dt} \|u(t)\|_H^2 = (u'(t), u(t))_H \\
&= -a(u(t), u(t)) + (f(t), u(t))_H \leq -\mu_1 \|u(t)\|_V^2 + \|f(t)\|_H \|u(t)\|_H \\
&\leq -\alpha \|u(t)\|_H^2 + \|f(t)\|_H \|u(t)\|_H
\end{aligned}$$

mit $\alpha = \mu_1/c^2$. Nach Division durch $\|u(t)\|_H$ erhält man:

$$\frac{d}{dt} \|u(t)\|_H + \alpha \|u(t)\|_H \leq \|f(t)\|_H,$$

oder dazu äquivalent

$$\frac{d}{dt} \left(e^{\alpha t} \|u(t)\|_H \right) \leq e^{\alpha t} \|f(t)\|_H.$$

In inneren Punkten von $\{t \in [0, T] : u(t) = 0\}$ gilt diese Ungleichung trivialerweise auch, also gilt sie fast überall in $(0, T)$. Durch Integration erhält man:

$$e^{\alpha t} \|u(t)\|_H - \|u(0)\|_H \leq \int_0^t e^{\alpha s} \|f(s)\|_H \, ds,$$

woraus sofort die Behauptung folgt. $\qquad\square$

Bemerkung. Aus einer Differentialungleichung für $\|u(t)\|$ konnten wir eine Schranke für $\|u(t)\|$ herleiten. Es handelt sich hierbei um einen Spezialfall des so genannten Lemmas von Gronwall[14].

Also klingen Lösungen u von (2.1) für die rechte Seite $f = 0$ exponentiell ab, siehe auch das eindimensionalen Modellproblems auf Seite 7, wo wir diese Eigenschaft im Einzelfall bereits beobachtet haben. Wegen der Linearität von (2.1) folgt sofort, dass sich zwei Lösungen $v(t)$ und $w(t)$ von (2.1) mit der gleichen rechten Seite f und unterschiedlichen Startwerten v_0 und w_0 immer mehr annähern:

$$\|w(t) - v(t)\|_H \leq e^{-\alpha t} \|w_0 - v_0\|_H.$$

Das Variationsproblem verhält sich also sehr stabil.

Ergänzende Hinweise

Eine detaillierte Darstellung der funktionalanalytischen Diskussion von parabolischen Problemen im Hilbert-Raum findet man z.B. in [14], Kapitel 23. Wichtige Materialien über die wesentlichen Funktionenräume sind auch in [15] aufbereitet. Auf das klassische Buch [10] soll ebenfalls hingewiesen werden, das trotz seines Titels auch parabolische und hyperbolische Anfangsrandwertprobleme beinhaltet.

Übungsaufgaben

1. Zeigen Sie für alle $\lambda \in \mathbb{R}$: $u \in H^1((0, T), V; H)$ ist genau dann Lösung des Anfangswertproblems (2.1), wenn $u_\lambda \in H^1((0, T), V; H)$ Lösung des folgenden Anfangswertproblems ist:

$$\frac{d}{dt}(u_\lambda(t), v)_H + a_\lambda(u_\lambda(t), v) = \langle f_\lambda(t), v \rangle \quad \text{für alle } v \in V$$

$$\text{für fast alle } t \in (0, T),$$

$$u_\lambda(0) = u_0$$

   mit

$$u_\lambda(t) = e^{-\lambda t} u(t), \quad a_\lambda(w, v) = a(w, v) + \lambda (w, v)_H, \quad f_\lambda(t) = e^{-\lambda t} f(t).$$

2. Zeigen Sie mit Hilfe des Satzes auf Seite 13 und der Übungsaufgabe 1, dass die Aussagen des Satzes auf Seite 13 auch gelten, wenn man die Bedingung der Elliptizität von a durch

---

[14]Thomas Hakon Grönwall (1877–1932), schwedischer Mathematiker

die folgende (im Allgemeinen schwächere) Bedingung ersetzt: Es existieren Konstanten $\lambda \in \mathbb{R}$ und $\mu_1 > 0$ mit

$$a(v, v) + \lambda \, \|v\|_H^2 \geq \mu_1 \, \|v\|_V^2 \quad \text{für alle } v \in V.$$

Eine Ungleichung dieser Art heißt Gårding[15]-Ungleichung.

3. Betrachten Sie die Bilinearform

$$a(w, v) = \int_0^1 \left[a(x) \frac{\partial w}{\partial x}(x) \frac{\partial v}{\partial x}(x) + b(x) \frac{\partial w}{\partial x}(x) v(x) + c(x)\, w(x) v(x) \right] dx$$

in $H^1(0, 1)$ mit $a, b, c \in L_\infty(0, 1)$, wobei vorausgesetzt wird, dass

$$a_0 = \inf_{x \in (0,1)} a(x) > 0.$$

Zeigen Sie die Gårding-Ungleichung: Es existieren Konstanten $\lambda \in \mathbb{R}$ und $\mu_1 > 0$ mit

$$a(v, v) + \lambda \, \|v\|_{L_2(0,1)}^2 \geq \mu_1 \, \|v\|_{H^1(0,1)}^2 \quad \text{für alle } v \in H^1(0, 1).$$

Hinweis: Zeigen Sie die in Übungsaufgabe 7 aus Band 1 formulierten Bedingungen für die Bilinearform

$$a_\lambda(w, v) = a(w, v) + \lambda\, (w, v)_{L_2(0,1)}$$

für einen geeigneten Wert für λ.

4. Zeigen Sie für alle $s, t \in [0, T]$ und alle $v \in C^1([0, T], H)$:

$$\frac{1}{2}(v(t), v(t))_H = \frac{1}{2}(v(s), v(s))_H + \int_s^t (v'(\sigma), v(\sigma))_H \, d\sigma.$$

Hinweis: Zeigen und integrieren Sie die Identität:

$$\frac{1}{2}\frac{d}{d\sigma}(v(\sigma), v(\sigma))_H = (v'(\sigma), v(\sigma))_H.$$

5. Zeigen Sie: Es gibt eine Konstante $C > 0$ mit

$$\max_{t \in [0,T]} \|v(t)\|_H \leq C \, \|v\|_{H^1((0,T),V;H)} \quad \text{für alle } v \in C^1([0, T], V).$$

Hinweis: Integrieren Sie die Identität aus Übungsaufgabe 4 bezüglich s über $[0, T]$. Beachten Sie, dass

$$(v, w)_H \leq \|v\|_{V^*} \|w\|_V \leq \frac{1}{2}\left(\|v\|_{V^*}^2 + \|w\|_V^2\right),$$

wobei unter der V^*-Norm von v die Norm der Abbildung $w \mapsto (v, w)_H$, die in V^* liegt, zu verstehen ist. (Es lässt sich zeigen, dass $C^1([0, T], V)$ dicht in $H^1((0, T), V;H)$ liegt und dass alle beteiligten Größen in der Ungleichung stetig von v abhängen. Daraus folgt dann die Richtigkeit der Ungleichung in ganz $H^1((0, T), V;H)$.)

6. Sei u die Lösung von (2.1) und es gelte $u \in C^1([0, T], V)$. Zeigen Sie folgende Identität:

$$\frac{1}{2}\|u(T)\|_H^2 + \int_0^T a(u(t), u(t))\, dt = \frac{1}{2}\|u(0)\|_H^2 + \int_0^T \langle f(t), u(t) \rangle \, dt.$$

Hinweis: Wählen Sie $v = u'(t)$ in der ersten Zeile von (2.1).

---

[15]Lars Gårding (*1919), schwedischer Mathematiker

7. Sei u die Lösung von (2.1) und es gelte $u \in C^1([0, T], V)$. Zeigen Sie folgende Abschätzung:

$$\|u\|_{L_2((0,T),V)} \leq \frac{1}{2\mu_1} \left[\|f\|_{L_2((0,T),V^*)} + \sqrt{\|f\|^2_{L_2((0,T),V^*)} + 2\mu_1 \|u_0\|^2_H} \, \right].$$

Hinweis: Schätzen Sie die linke Seite der Identität aus Übungsaufgabe 6 nach unten und die rechte Seite nach oben ab, um zu zeigen, dass

$$\mu_1 \|u\|^2_{L_2((0,T),V)} \leq \frac{1}{2} \|u(0)\|^2_H + \|f\|_{L_2((0,T),V^*)} \|u\|_{L_2((0,T),V)}.$$

8. Sei u die Lösung von (2.1) und es gelte $u \in C^1([0, T], V)$. Zeigen Sie folgende Abschätzung:

$$\|u'\|_{L_2((0,T),V^*)} \leq \mu_2 \|u\|_{L_2((0,T),V)} + \|f\|_{L_2((0,T),V^*)}.$$

Verwenden Sie diese Abschätzung und die Abschätzung aus Übungsaufgabe 7, um zu zeigen:

$$\|u\|_{H^1((0,T),V;H)} \leq C \left(\|u_0\|_H + \|f\|_{L_2((0,T),V^*)} \right)$$

mit einer von u, u_0 und f unabhängigen Konstanten C. (Wir haben damit die Abschätzung aus dem Satz auf Seite 13 für Lösungen in $C^1([0, T], V)$ nachgewiesen).

3 Semi-Diskretisierung

Die gesuchte Lösung u des Anfangsrandwertproblems aus Kapitel 2 hängt sowohl von der Ortsvariablen x als auch von der Zeitvariablen t ab. Wir haben in Band 1, Kapitel 4 bereits ein sehr allgemeines Prinzip zur Diskretisierung kennen gelernt: die Galerkin[1]-Methode. Diese Methode setzen wir hier ein, um zunächst das Anfangsrandwertproblem bezüglich der Ortsvariablen x zu diskretisieren. Als Resultat werden wir (als Zwischenergebnis) ein Anfangswertproblem für ein System gewöhnlicher Differentialgleichungen 1. Ordnung bezüglich der Zeitvariablen t erhalten. Wir sprechen von einer Semi-Diskretisierung, da immer noch eine weitere Diskretisierungstechnik (hier für die Zeitvariable t) benötigt wird. Die Diskussion der Zeitdiskretisierung werden wir im Kapitel 4 beginnen.

■ 3.1
Die vertikale Linienmethode

Um die weitere Diskussion zu vereinfachen und uns auf das Wesentliche konzentrieren zu können, werden wir von nun an voraussetzen, dass die Funktionen $t \mapsto \langle f(t), v \rangle$ für alle $v \in V$ bezüglich t stetig auf $[0, T]$ sind. Dadurch werden alle auftretenden Funktionen zumindest stetig in t und wir können den Ausdruck „für fast alle $t \in (0, T)$" durch „für alle $t \in (0, T)$" ersetzen.

Die Grundidee der Galerkin-Methode besteht darin, den unendlich-dimensionalen Raum V durch einen geeigneten endlich-dimensionalen Teilraum $V_h \subset V$ zu ersetzen und die Näherungslösung durch das entsprechende endlich-dimensionale Variationsproblem zu definieren. Wir wenden nun diese Methode auf das Problem (2.1) von Seite 12 an, wobei wir auch für die Anfangsbedingung eine äquivalente Variationsformulierung wählen, nämlich

$$(u(0), v)_H = (u_0, v)_H \quad \text{für alle } v \in V,$$

und erhalten folgendes Problem in V_h: Gesucht ist $u_h \colon [0, T] \longrightarrow V_h$, sodass

$$\frac{d}{dt}(u_h(t), v_h)_H + a(u_h(t), v_h) = \langle f(t), v_h \rangle \quad \text{für alle } v_h \in V_h, \ t \in (0, T), \tag{3.1}$$

$$(u_h(0), v_h)_H = (u_0, v_h)_H \quad \text{für alle } v_h \in V_h.$$

---

[1]Boris Grigorjewitsch Galerkin (1871–1945), russischer Ingenieur und Mathematiker

Das weitere Vorgehen ist eine exakte Kopie der Technik aus Band 1, Abschnitt 4.1: Wir wählen eine Basis $\{\varphi_i : i = 1, 2, \ldots, n_h\}$ des Raumes V_h und stellen für die gesuchte Näherungslösung den Ansatz

$$u_h(t)(x) = \sum_{k=1}^{n_h} u_k(t)\, \varphi_k(x)$$

auf, wobei wir zeitabhängige Koeffizienten $u_k(t)$ zulassen.

Wegen der Linearität bezüglich v_h genügt es (wieder), nur mit den Basisfunktionen $\varphi_i(x)$ zu testen. Wir erhalten damit die zu (3.1) äquivalente Problemstellung

$$\sum_{k=1}^{n_h} (\varphi_k, \varphi_i)_H\, u_k'(t) + \sum_{k=1}^{n_h} a(\varphi_k, \varphi_i)\, u_k(t) = \langle f(t), \varphi_i \rangle,$$

$$\sum_{k=1}^{n_h} (\varphi_k, \varphi_i)_H\, u_k(0) = (u_0, \varphi_i)_H$$

für alle $i = 1, \ldots, n_h$, $t \in (0, T)$. Es entsteht also ein Anfangswertproblem eines Systems gewöhnlicher Differentialgleichungen für die Funktion $\underline{u}_h : [0, T] \longrightarrow \mathbb{R}^{n_h}$, $\underline{u}_h(t) = (u_i(t))_{i=1,\ldots,n_h}$:

$$M_h \underline{u}_h'(t) + K_h \underline{u}_h(t) = \underline{f}_h(t) \quad \text{für alle } t \in (0, T),$$
$$M_h \underline{u}_h(0) = \underline{g}_h \tag{3.2}$$

mit den Matrizen

$$M_h = (M_{ik})_{i,k=1,\ldots,n_h}, \quad M_{ik} = (\varphi_k, \varphi_i)_H,$$
$$K_h = (K_{ik})_{i,k=1,\ldots,n_h}, \quad K_{ik} = a(\varphi_k, \varphi_i)$$

und den Vektoren

$$\underline{f}_h(t) = (f_i(t))_{i=1,\ldots,n_h}, \quad f_i(t) = \langle f(t), \varphi_i \rangle,$$
$$\underline{g}_h = (g_i)_{i=1,\ldots,n_h}, \qquad g_i = (u_0, \varphi_i)_H.$$

Neben der uns schon aus Band 1 vertrauten Steifigkeitsmatrix K_h tritt hier eine weitere wichtige Matrix M_h auf, die Massenmatrix genannt wird. Während die Steifigkeitsmatrix K_h die Bilinearform $a(w, v)$ auf V_h repräsentiert (siehe Band 1, Seite 38):

$$a(w_h, v_h) = (K_h \underline{w}_h, \underline{v}_h)_{\ell_2} \quad \text{für alle } w_h, v_h \in V_h,$$

entspricht die Massenmatrix M_h dem L_2-Skalarprodukt (einer sehr speziellen Bilinearform) auf V_h:

$$(w_h, v_h)_H = (M_h \underline{w}_h, \underline{v}_h)_{\ell_2} \quad \text{für alle } w_h, v_h \in V_h.$$

Damit erhält man sofort die Symmetrie und Positivdefinitheit von M_h aus den entsprechenden Eigenschaften des L_2-Skalarproduktes. Weitere wichtige Eigenschaften der Massenmatrix wurden in Band 1, Abschnitt 5.2 und in den anschließenden Übungsaufgaben diskutiert.

An dieser Stelle sei an die Vereinbarungen zur Notation aus Band 1, Seite 39 erinnert: Für eine (ortsabhängige) Funktion $v_h \in V_h$ bezeichnet $\underline{v}_h \in \mathbb{R}^{n_h}$ den Vektor der Koeffizienten in der Basisdarstellung und umgekehrt, also:

$$v_h(x) = \sum_{i=1}^{n_h} v_i\, \varphi_i(x) \quad \text{und} \quad \underline{v}_h = (v_1, \ldots, v_{n_h})^T.$$

Dadurch wird ein Isomorphismus zwischen V_h und $\mathbb{R}^{n_h}$ festgelegt, der Galerkin-Isomorphismus genannt wird.

Das Anfangswertproblem (3.2) lässt sich auch folgendermaßen schreiben:

$$\begin{aligned}
\underline{u}'_h(t) &= M_h^{-1}\left[\underline{f}_h(t) - K_h\underline{u}_h(t)\right] \quad \text{für alle } t \in (0, T), \\
\underline{u}_h(0) &= M_h^{-1}\underline{g}_h.
\end{aligned} \tag{3.3}$$

Existenz und Eindeutigkeit der Näherungslösung folgen dann sofort durch Anwendung der folgenden (globalen) Variante des berühmten Satzes von Picard-Lindelöf in $\mathbb{R}^n$:

Picard[2]-Lindelöf[3]. Das Anfangswertproblem

$$\begin{aligned}
u'(t) &= f(t, u(t)) \quad \text{für alle } t \in (0, T), \\
u(0) &= u_0
\end{aligned}$$

besitzt eine eindeutige Lösung $u \in C^1([0, T], \mathbb{R}^n)$, falls die Funktion $f : [0, T] \times \mathbb{R}^n \longrightarrow \mathbb{R}^n$ stetig ist und eine Lipschitz-Bedingung bezüglich der zweiten Variablen erfüllt, d.h.: Es existiert eine Konstante $L \geq 0$ mit

$$\|f(t, w) - f(t, v)\| \leq L\,\|w - v\| \quad \text{für alle } t \in [0, T],\ v, w \in \mathbb{R}^n,$$

wobei $\|\cdot\|$ eine Norm in $\mathbb{R}^n$ bezeichnet.

Satz

Beweis. Durch Integration der Differentialgleichung über dem Intervall $[0, t]$ und unter Berücksichtigung der Anfangsbedingung erhält man

$$u(t) = u_0 + \int_0^t f(s, u(s))\, ds \quad \text{für alle } t \in [0, T],$$

eine zur ursprünglichen Problemstellung äquivalente Fixpunktgleichung der Form

$$u = G(u)$$

---

[2] Charles Émile Picard (1856–1941), französischer Mathematiker
[3] Ernst Leonard Lindelöf (1870–1946), finnischer Mathematiker

in $X = C([0, T], \mathbb{R}^n)$. Ausgestattet mit der zur Supremumsnorm äquivalenten Norm

$$\|v\|_X = \max_{t \in [0,T]} e^{-2Lt} \|v(t)\|$$

ist X ein Banach-Raum. Wir zeigen, dass $G \colon X \longrightarrow X$ eine Kontraktion ist:

$$
\begin{aligned}
\|G(w) - G(v)\|_X &= \max_{t \in [0,T]} e^{-2Lt} \left\| \int_0^t \left[f(s, w(s)) - f(s, v(s)) \right] ds \right\| \\
&\leq L \max_{t \in [0,T]} e^{-2Lt} \int_0^t \|w(s) - v(s)\| \, ds \\
&= L \max_{t \in [0,T]} e^{-2Lt} \int_0^t e^{2Ls} \underbrace{e^{-2Ls} \|w(s) - v(s)\|}_{\leq \, \|w - v\|_X} \, ds \leq q \, \|w - v\|_X
\end{aligned}
$$

mit

$$q = L \max_{t \in [0,T]} e^{-2Lt} \int_0^t e^{2Ls} \, ds = \frac{1}{2} \max_{t \in [0,T]} (1 - e^{-2Lt}) \leq \frac{1}{2}.$$

Aus dem Banachschen Fixpunktsatz, siehe Band 1, Seite 23, folgt dann die Existenz und Eindeutigkeit einer Lösung $u \in X = C([0, T], \mathbb{R}^n)$. Wegen $u = Gu$ ist u sogar stetig differenzierbar. $\qquad\square$

Für das Anfangswertproblem (3.3) ist die rechte Seite

$$\underline{f}_h(t, \underline{v}_h) = M_h^{-1} \left[\underline{f}_h(t) - K_h \underline{v}_h \right]$$

stetig und es gilt eine Lipschitz-Bedingung:

$$
\begin{aligned}
\|\underline{f}_h(t, \underline{w}_h) - \underline{f}_h(t, \underline{v}_h)\| &= \|M_h^{-1} K_h (\underline{w}_h - \underline{v}_h)\| \\
&\leq L \, \|\underline{w}_h - \underline{v}_h\| \quad \text{für alle } t \in [0, T], \ \underline{w}_h, \underline{v}_h \in \mathbb{R}^{n_h}
\end{aligned}
$$

mit der Lipschitz-Konstanten

$$L = \|M_h^{-1} K_h\|$$

für jede Vektornorm in $\mathbb{R}^{n_h}$ und der zugeordneten Matrixnorm. Damit sind die Existenz und Eindeutigkeit der Näherungslösungen gesichert.

■ 3.2
Der Diskretisierungsfehler

Als Vorbereitung der Abschätzung des Diskretisierungsfehlers für das semi-diskretisierte Problem (3.1) auf Seite 19 führen wir zunächst den so genannten Ritz[4]-Projektor ein:

---

[4]Walter Ritz (1878–1909), Schweizer Mathematiker und Physiker

Wir betrachten ein (stationäres) Variationsproblem: Für ein gegebenes Funktional $f \in V^*$ ist $u \in V$ gesucht, sodass

$$a(u, v) = \langle f, v \rangle \quad \text{für alle } v \in V.$$

Die Näherungslösung $u_h \in V_h \subset V$, die durch die Galerkin-Methode (siehe Band 1, Kapitel 4) gegeben ist, ist Lösung des Variationsproblems

$$a(u_h, v_h) = \langle f, v_h \rangle \quad \text{für alle } v_h \in V_h.$$

Offensichtlich gilt folgender direkter Zusammenhang zwischen der exakten Lösung $u \in V$ und der Näherungslösung $u_h \in V_h$:

$$a(u_h, v_h) = a(u, v_h) \quad \text{für alle } v_h \in V_h,$$

der folgende Definition motiviert:

Definition

Sei a eine beschränkte und elliptische Bilinearform auf V. Der zugeordnete *Ritz-Projektor* $R_h\colon V \longrightarrow V_h$ ist durch die Bedingung

$$a(R_h w, v_h) = a(w, v_h) \quad \text{für alle } v_h \in V_h,\; w \in V$$

gegeben.

Nach dem Satz von Lax-Milgram ist $R_h w \in V_h$ für jedes $w \in V$ als Lösung eines Variationsproblems wohldefiniert. Man zeigt leicht, dass R_h ein linearer und beschränkter Operator ist, der die Beziehung $R_h^2 = R_h$ erfüllt. Das rechtfertigt die Bezeichnung Projektor.

Mit dieser Definition gilt offensichtlich:

$$u_h = R_h u \quad \text{und} \quad u - u_h = [I - R_h]u.$$

Wir können also die Näherungslösung direkt als Projektion der exakten Lösung darstellen. Abschätzungen des Diskretisierungsfehlers eines elliptischen Problems entsprechen Abschätzungen von $I - R_h$.

Neben dem Ritz-Projektor benötigen wir noch einen zweiten Operator:

Definition

Der *Projektor* $P_h\colon H \longrightarrow V_h$ ist durch die Bedingung

$$(P_h w, v_h)_H = (w, v_h)_H \quad \text{für alle } v_h \in V_h,\; w \in H$$

gegeben.

Ähnlich wie oben überzeugt man sich leicht, dass P_h wohldefiniert, linear und beschränkt ist und die Bedingung $P_h^2 = P_h$ erfüllt. P_h ist also ein Projektor. Im von uns betrachteten Fall $H = L_2(\Omega)$ heißt P_h der L_2-Projektor auf V_h.

Mit Hilfe dieses zweiten Projektors erhalten wir für die zweite Zeile in (3.1):

$$(u_h(0), v_h)_H = (u_0, v_h)_H = (P_h u_0, v_h)_H \quad \text{für alle } v_h \in V_h,$$

also:

$$u_h(0) = P_h u_0.$$

Nach diesen Vorbereitungen kommen wir zum eigentlichen Thema, der Abschätzung des Diskretisierungsfehlers für den instationären Fall.

Der Einfachheit halber setzen wir im Weiteren voraus, dass für die Lösung u des Anfangsrandwertproblems (2.1) auf Seite 12 gilt:

$$u \in C^1([0, T], V).$$

Die wesentliche Idee zur Abschätzung des Diskretisierungsfehlers ist die folgende Aufspaltung in zwei Teile:

$$u(t) - u_h(t) = \underbrace{u(t) - R_h u(t)}_{\rho_h(t)} + \underbrace{R_h u(t) - u_h(t)}_{\theta_h(t)}.$$

Zunächst untersuchen wir die Funktion $\rho_h(t) = [I - R_h]u(t)$: Da R_h ein linearer und stetiger Operator ist, gilt natürlich

$$\big[R_h u(t)\big]' = \lim_{\tau \to 0} \frac{1}{\tau}[R_h u(t + \tau) - R_h u(t)] = R_h \lim_{\tau \to 0} \frac{1}{\tau}[u(t + \tau) - u(t)] = R_h u'(t).$$

Daher folgt: $\rho_h(t) = [I - R_h]u(t)$ ist stetig differenzierbar und

$$\rho_h'(t) = [I - R_h]u'(t) \quad \text{für alle } t \in [0, T].$$

Abschätzungen von $\rho_h(t)$ und $\rho_h'(t)$ lassen sich also auf Abschätzungen von $I - R_h$ zurückführen.

Wir diskutieren nun die Funktion $\theta_h(t)$: Aus der Definition des Ritz-Projektors und der ersten Zeile von (2.1) auf Seite 12 erhält man

$$\begin{aligned}
(u'(t), v_h)_H + a(R_h u(t), v_h) &= (u'(t), v_h)_H + a(u(t), v_h) \\
&= \langle f(t), v_h \rangle \quad \text{für alle } v_h \in V_h, \ t \in (0, T).
\end{aligned}$$

Wegen (3.1) auf Seite 19 gilt:

$$(u_h'(t), v_h)_H + a(u_h(t), v_h) = \langle f(t), v_h \rangle \quad \text{für alle } v_h \in V_h, \ t \in (0, T).$$

Damit folgt durch Subtraktion:

$$(\underbrace{u'(t) - u_h'(t)}_{\rho_h'(t) + \theta_h'(t)}, v_h)_H + a(\underbrace{R_h u(t) - u_h(t)}_{\theta_h(t)}, v_h) = 0 \quad \text{für alle } v_h \in V_h, \ t \in (0, T).$$

Also gilt:

$$(\theta_h'(t), v_h)_H + a(\theta_h(t), v_h) = -(\rho_h'(t), v_h)_H \quad \text{für alle } v_h \in V_h,\ t \in (0, T).$$

Diese Darstellung erlaubt eine Abschätzung von $\theta_h(t)$ in Abhängigkeit von $\rho_h'(t)$:

> **Lemma**
>
> Sei u die Lösung von (2.1) auf Seite 12 und es gelte $u \in C^1([0, T], V)$. Dann folgt für alle $t \in [0, T]$:
>
> $$\|\theta_h(t)\|_H \leq \|\theta_h(0)\|_H + \int_0^t \|\rho_h'(s)\|_H\, ds.$$

Beweis. Die Abschätzung folgt komplett analog wie im Beweis auf Seite 14. Die Terme $e^{-\alpha t}$ und $e^{-\alpha(t-s)}$ müssen nur noch durch die obere Schranke 1 ersetzt werden. $\square$

Nach diesen Vorbereitungen erhalten wir folgende Fehlerabschätzung:

> **Satz**
>
> Sei u die Lösung von (2.1) auf Seite 12 und es gelte $u \in C^1([0, T], V)$. Dann folgt für alle $t \in [0, T]$:
>
> $$\|u(t) - u_h(t)\|_H$$
> $$\leq \|R_h u(0) - u_h(0)\|_H + \int_0^t \|(I - R_h)u'(s)\|_H\, ds + \|[I - R_h]u(t)\|_H.$$

Beweis. Aus der Dreiecksungleichung und dem letzten Lemma folgt:

$$\|u(t) - u_h(t)\|_H = \|\rho_h(t) + \theta_h(t)\|_H$$

$$\leq \|\rho_h(t)\|_H + \|\theta_h(t)\|_H \leq \|\rho_h(t)\|_H + \|\theta_h(0)\|_H + \int_0^t \|\rho_h'(s)\|_H\, ds$$

$$= \|[I - R_h]u(t)\|_H + \|R_h u(0) - u_h(0)\|_H + \int_0^t \|(I - R_h)u'(s)\|_H\, ds.$$

$\square$

Dieser Satz zeigt, dass (abgesehen vom Beitrag der Anfangswerte) die Abschätzung des Diskretisierungsfehlers für parabolische Probleme auf die Abschätzung von $I - R_h$, also auf die Abschätzung des Diskretisierungsfehlers für elliptische Probleme, zurückgeführt werden kann. Allerdings benötigt man Fehlerabschätzungen in der H-Norm, also in der L_2-Norm und nicht in der V-Norm, die in Band 1 verwendet wurde. Diese Lücke schließen wir jetzt zumindest für das eindimensionale Modellproblem von Seite 7:

Anwendung auf das parabolische Modellproblem

Wir betrachten nun die Variationsformulierung des eindimensionalen parabolischen Modellproblems (Wärmeleitungsgleichung), siehe Seite 11. Zur Ortsdiskretisierung verwenden wir die Finite-Elemente-Methode mit dem Courant[5]-Element, siehe Band 1, Seite 36, auf einer Zerlegung $\mathcal{T}_h$ des Intervalls $(0, 1)$.

Wir haben es hier mit den folgenden konkreten Normen zu tun:

$$\|w\|_H = \|w\|_{L_2(0,1)} \quad \text{und} \quad \|w\|_V = \|w\|_{H^1(0,1)}.$$

Die in Band 1 auf Seite 49 bewiesene Abschätzung des Diskretisierungsfehlers für das zugeordnete elliptische Randwertproblem lässt sich unter Verwendung des Ritz-Projektors folgendermaßen schreiben:

$$\|[I - R_h]w\|_{H^1(0,1)} \le C\,h\,|w|_{H^2(0,1)} \quad \text{für alle } w \in V \cap H^2(0,1)$$

mit $|w|_{H^2(0,1)} = \|\partial^2 w/\partial x^2\|_{L_2(0,1)}$. Damit steht trivialerweise auch die gleiche Abschätzung für die L_2-Norm des Diskretisierungsfehlers zur Verfügung. Es gibt jedoch eine wesentlich genauere Abschätzung:

Satz

> **Aubin-Nitsche.** Es gibt eine (von h unabhängige) Konstante C mit
>
> $$\|[I - R_h]w\|_{L_2(0,1)} \le C\,h^2\,|w|_{H^2(0,1)} \quad \text{für alle } w \in V \cap H^2(0,1).$$

Beweis. Laut Definition des Ritz-Projektors gilt für $w_h = R_h w$:

$$a(w_h, v_h) = a(w, v_h) \quad \text{für alle } v_h \in V_h.$$

Um $e_h = w - w_h$ in der L_2-Norm abzuschätzen, betrachten wir das folgende Variationsproblem: Gesucht ist $z \in V$ mit

$$a(v, z) = (e_h, v)_{L_2(0,1)} \quad \text{für alle } v \in V.$$

Da die Voraussetzungen des Satzes von Lax-Milgram erfüllt sind, existiert eine eindeutige Lösung $z \in V \subset H^1(0, 1)$. Diese Lösung liegt sogar in $H^2(0, 1)$: Offensichtlich gilt:

$$\int_0^1 (-e_h(x))\,\varphi(x)\,dx = -\int_0^1 \frac{\partial z}{\partial x}(x)\,\frac{\partial \varphi}{\partial x}(x)\,dx \quad \text{für alle } \varphi \in C_0^\infty(0, 1).$$

Das bedeutet laut Definition der schwachen Ableitung, dass $-e_h \in L_2(0, 1)$ die schwache Ableitung von $\partial z/\partial x$, also die zweite schwache Ableitung von z ist:

$$\frac{\partial^2 z}{\partial x^2} = -e_h.$$

Dann gilt trivialerweise:

$$|z|_{H^2(0,1)} = \|e_h\|_{L_2(0,1)}.$$

---

[5] Richard Courant (1888–1972), deutsch-amerikanischer Mathematiker

Wegen der Definition von R_h folgt:

$$a(e_h, z_h) = a(w - w_h, z_h) = 0 \quad \text{für alle } z_h \in V_h.$$

Daher gilt:

$$\|e_h\|^2_{L_2(0,1)} = (e_h, e_h)_{L_2(0,1)} = a(e_h, z) = a(e_h, z - z_h)$$
$$\leq \mu_2 \|e_h\|_{H^1(0,1)} \|z - z_h\|_{H^1(0,1)}.$$

Wählt man $z_h = I_h z$, wobei I_h den in Band 1, Seite 47, eingeführten Interpolationsoperator bezeichnet, so folgt:

$$\|z - z_h\|_{H^1(0,1)} \leq C\,h\,|z|_{H^2(0,1)} = C\,h\,\|e_h\|_{L_2(0,1)}.$$

Damit lässt sich die obige Abschätzung fortsetzen:

$$\|e_h\|^2_{L_2(0,1)} \leq \mu_2\,C\,h\,\|e_h\|_{H^1(0,1)}\,\|e_h\|_{L_2(0,1)}.$$

Nach Division durch $\|e_h\|_{L_2(0,1)}$ erhält man:

$$\|w - w_h\|_{L_2(0,1)} \leq \mu_2\,C\,h\,\|w - w_h\|_{H^1(0,1)},$$

woraus dann sofort die Behauptung aus der Abschätzung des Diskretisierungsfehlers in der H^1-Norm folgt. $\qquad\square$

Bemerkung. Die entscheidende Beweisidee (der so genannte Dualitätstrick oder auch Aubin[6]-Nitsche[7]-Trick genannt) ist die Formulierung eines (adjungierten oder dualen) Variationsproblems, dessen Lösung z in $H^2(0, 1)$ liegt. Für allgemeinere Probleme in $V \subset H^1(\Omega)$ mit $\Omega \subset \mathbb{R}^d$ lässt sich mit erheblich größerem Aufwand unter bestimmten Voraussetzungen ebenfalls zeigen, dass die Lösung z eines Problems der Form

$$a(w, z) = (e, w)_{L_2(\Omega)} \quad \text{für alle } w \in V$$

mit $e \in L_2(\Omega)$ in $H^2(\Omega)$ liegt und dass gilt

$$|z|_{H^2(\Omega)} \leq C\,\|e\|_{L_2(\Omega)}.$$

Dann erhält man auch für mehrdimensionale Probleme analoge Aussagen über den Diskretisierungsfehler in der L_2-Norm.

Um den Beitrag der Anfangswerte zum Diskretisierungsfehler abzuschätzen, beachte man:

$$R_h u(0) - u_h(0) = R_h u(0) - P_h u(0) = -[I - R_h]u(0) + [I - P_h]u(0).$$

Also benötigen wir noch eine Abschätzung für den L_2-Projektor P_h. Es gilt:

---

[6] Jean-Pierre Aubin (*1939), französischer Mathematiker
[7] Joachim A. Nitsche (1926–1996), deutscher Mathematiker

Satz

Es gibt eine (von h unabhängige) Konstante C mit

$$\|[I - P_h]w\|_{L_2(0,1)} \le C\,h^2\,|w|_{H^2(0,1)} \quad \text{für alle } w \in H^2(0,1).$$

Der Beweis verläuft völlig analog zur Abschätzung des Diskretisierungsfehlers in Band 1, Seite 46–48, siehe Übungsaufgabe 10.

Damit erhalten wir:

Satz

Sei u die Lösung des eindimensionalen parabolischen Modellproblems und es gelte $u \in C^1([0, T], V \cap H^2(0, 1))$. Dann gibt es eine (von h unabhängige) Konstante $C > 0$, sodass

$$\|u(t) - u_h(t)\|_{L_2(0,1)} \le C\,h^2 \left[|u(0)|_{H^2(0,1)} + \int_0^t |u'(s)|_{H^2(0,1)}\,ds + |u(t)|_{H^2(0,1)} \right]$$

für alle $t \in [0, T]$.

Beweis. Die obige Darstellung von $R_h u(0) - u_h(0)$, der letzte Satz und der Satz von Aubin-Nitsche liefern die Abschätzungen

$$\|R_h u(0) - u_h(0)\|_{L_2(0,1)} \le \|[I - R_h]u(0)\|_{L_2(0,1)} + \|[I - P_h]u(0)\|_{L_2(0,1)}$$
$$\le C\,h^2\,|u(0)|_{H^2(0,1)}$$

und

$$\int_0^t \|(I - R_h)u'(s)\|_{L_2(0,1)}\,ds \le C\,h^2 \int_0^t |u'(s)|_{H^2(0,1)}\,ds$$

und

$$\|[I - R_h]u(t)\|_{L_2(0,1)} \le C\,h^2\,|u(t)|_{H^2(0,1)}.$$

$\square$

Das semi-diskretisierte parabolische Problem besitzt also die gleiche Genauigkeit in h wie das zugeordnete elliptische Problem, kurz:

$$\|u(t) - u_h(t)\|_{L_2(0,1)} = \mathcal{O}(h^2) \quad \text{für } h \to 0,$$

siehe Band 1, Seite 63, für die Definition des Landau-Symbols $\mathcal{O}$.

Ergänzende Hinweise

Galerkin-Finite-Elemente-Methoden für parabolische Probleme werden umfassend im klassischen Werk [13] diskutiert. Siehe auch [9], [4], [7], als Beispiele von Büchern, die nicht nur numerische Methoden für parabolische Probleme sondern allgemeiner für partielle Differentialgleichungen behandeln.

Übungsaufgaben

Für alle Übungsaufgaben gelten die Voraussetzungen: $u \in C^1([0, T], V)$ und die Funktionen $t \mapsto \langle f(t), v \rangle$ sind für alle $v \in V$ bezüglich t stetig auf $[0, T]$.

9. Zeigen Sie folgende (so genannte *a priori*) Schranke für Näherungslösungen:

$$\|u_h\|_{L_2((0,T),V)} \leq \frac{1}{2\mu_1} \left[\|f\|_{L_2((0,T),V^*)} + \sqrt{\|f\|_{L_2((0,T),V^*)}^2 + 2\mu_1 \|u_0\|_H^2} \right].$$

   (Die Existenz einer von V_h unabhängigen Schranke für die Näherungslösungen ist ein wesentlicher Baustein für den Beweis des Satzes auf Seite 13.)

   Hinweis: Gehen Sie so wie in der Übungsaufgabe 7 vor. Wenden Sie die Cauchy-Ungleichung auf die rechte Seite der Identität

$$(P_h v, P_h v)_H = (v, P_h v)_H$$

   für $v = u_0$ an, um zusätzlich zu zeigen, dass

$$\|u_h(0)\|_H \leq \|u_0\|_H.$$

10. Zeigen Sie: Es gibt eine (von h unabhängige) Konstante C mit

$$\|[I - P_h]w\|_{L_2(0,1)} \leq C h^2 |w|_{H^2(0,1)} \quad \text{für alle } w \in H^2(0, 1).$$

   Hinweis: Verwenden Sie den Satz von Céa[8] in $L_2(0, 1)$.

11. Sei $u \in C^1([0, T], V \cap H^2(0, 1))$. Neben $u_h(0) = P_h u_0$ bietet sich auch die Startapproximation $u_h(0) = I_h u_0$ an, wobei I_h den in Band 1, Seite 47, eingeführten Interpolationsoperator bezeichnet. Wie wirkt sich diese Alternative auf das Verhalten des Diskretisierungsfehlers in der L_2-Norm für das eindimensionale parabolische Modellproblem aus?

12. Sei a zusätzlich symmetrisch. Dann ist $a(w, v)$ ein Skalarprodukt auf V mit der zugeordneten Norm

$$\|v\|_A = \sqrt{a(v, v)}.$$

   Zeigen Sie:

$$\frac{d}{dt} \|\theta_h(t)\|_A^2 \leq \|\rho_h'(t)\|_H^2.$$

   Hinweis: Beachten Sie, dass

$$\frac{d}{dt}(u_h(t), v)_H = (u_h'(t), v_h)_H,$$

   wählen Sie $v_h = \theta_h'(t)$ in der ersten Zeile von (3.1) auf Seite 19 und schätzen Sie die rechte Seite mit Hilfe der folgenden Ungleichung ab:

$$(v, w)_H \leq \frac{1}{2} \left(\|v\|_H^2 + \|w\|_H^2 \right).$$

13. Sei $u \in C^1([0, T], V \cap H^2(0, 1))$. Verwenden Sie die Abschätzung aus Übungsaufgabe 12, um für das semi-diskretisierte eindimensionale parabolische Modellproblem mit der Startapproximation $u_h(0) = I_h u(0)$ Abschätzungen des Diskretisierungsfehlers in der H^1-Norm abzuleiten.

---

[8]Jean Céa (*1932), französischer Mathematiker

4 Explizite Runge-Kutta-Verfahren für Anfangswertprobleme

Durch Semi-Diskretisierung haben wir im letzten Kapitel erreicht, dass aus dem ursprünglichen Anfangsrandwertproblem einer partiellen Differentialgleichung ein Anfangswertproblem eines Systems von gewöhnlichen Differentialgleichungen entstand. Wir wenden uns nun der Konstruktion von Näherungslösungen solcher Problemstellungen zu und gehen dabei von der folgenden allgemeinen Form aus: Gesucht ist eine stetig differenzierbare Funktion $u\colon [0, T] \longrightarrow \mathbb{R}^n$, sodass

$$\begin{aligned} u'(t) &= f(t, u(t)) \quad \text{für alle } t \in (0, T), \\ u(0) &= u_0 \end{aligned} \tag{4.1}$$

für eine gegebene stetige rechte Seite $f\colon [0, T] \times \mathbb{R}^n \longrightarrow \mathbb{R}^n$ der Differentialgleichung und einen gegebenen Anfangswert $u_0 \in \mathbb{R}^n$.

Die semi-diskretisierte Wärmeleitungsgleichung führt auf ein Problem dieser Form, wir werden aber zunächst von diesem Hintergrund nicht Gebrauch machen und diskutieren allgemeine Anfangswertprobleme der Standardform (4.1).

Wir beginnen mit einem sehr einfachen Spezialfall: Angenommen, die rechte Seite der Differentialgleichung hängt nicht von der gesuchten Lösung ab:

$$u'(t) = f(t) \quad \text{für alle } t \in (0, T).$$

Dann lässt sich die Lösung natürlich folgendermaßen darstellen:

$$u(t) = u_0 + \int_0^t f(s)\, ds. \tag{4.2}$$

In diesem Fall reduziert sich also die Bestimmung einer Näherungslösung auf die numerische Approximation des Integrals der Funktion f. Diese Aufgabenstellung werden wir im folgenden Abschnitt näher diskutieren.

■ 4.1
Quadraturformeln

Die Aufgabe, das Integral einer Funktion (näherungsweise) zu berechnen, tauchte auch in Band 1, Seite 42, bei der Berechnung der Komponenten des Lastvektors im Zusammenhang mit der Finite-Elemente-Methode auf.

Wir betrachten in diesem Abschnitt nun allgemein die Aufgabe, eine geeignete Näherung für einen Ausdruck der Form

$$\int_\alpha^\beta g(\sigma)\,d\sigma \tag{4.3}$$

mit einer gegebenen stetigen Funktion $g \colon [\alpha, \beta] \longrightarrow \mathbb{R}^n$ zu konstruieren.

Eine Möglichkeit bietet die Polynominterpolation: Wir wählen s Punkte $\sigma_1, \sigma_2, \ldots, \sigma_s$ im Intervall $[\alpha, \beta]$, die wir stets in der Form

$$\sigma_i = \alpha + c_i\,(\beta - \alpha)$$

mit geeigneten Koeffizienten $c_i \in [0, 1]$ für $i = 1, \ldots, s$ darstellen können, und setzen (zunächst) voraus, dass die Werte $c_i, i = 1, \ldots, s,$ paarweise verschieden sind.

Sei $p(\sigma)$ jenes Polynom vom Grad $\leq s - 1$, das in diesen Punkten mit g übereinstimmt:

$$p(\sigma_i) = g(\sigma_i) \quad \text{für alle } i = 1, \ldots, s.$$

Eine nahe liegende Strategie zur Approximation von (4.3) ist es, den Integranden $g(\sigma)$ durch das Polynom $p(\sigma)$ zu ersetzen. Dadurch erhalten wir die Näherung

$$\int_\alpha^\beta p(\sigma)\,d\sigma.$$

Mit Hilfe der Lagrangeschen[1] Darstellung des Interpolationspolynoms lässt sich dieser Ausdruck näher beleuchten. Es gilt

$$p(\sigma) = \sum_{i=1}^s g(\sigma_i)\,\ell_i(\sigma) \quad \text{mit} \quad \ell_i(\sigma) = \frac{\prod_{\substack{k=1 \\ k \neq i}}^s (\sigma - \sigma_k)}{\prod_{\substack{k=1 \\ k \neq i}}^s (\sigma_i - \sigma_k)}.$$

Daher folgt

$$\int_\alpha^\beta p(\sigma)\,d\sigma = (\beta - \alpha) \sum_{i=1}^s b_i\,g(\sigma_i)$$

mit

$$b_i = \frac{1}{\beta - \alpha} \int_\alpha^\beta \ell_i(\sigma)\,d\sigma = \int_0^1 \hat\ell_i(\gamma)\,d\gamma \quad \text{und} \quad \hat\ell_i(\gamma) = \frac{\prod_{\substack{k=1 \\ k \neq i}}^s (\gamma - c_k)}{\prod_{\substack{k=1 \\ k \neq i}}^s (c_i - c_k)}.$$

Wir haben also für das Integral (4.3) eine Näherung (auch Quadraturformel genannt) der Form

$$Q(g) = (\beta - \alpha) \sum_{i=1}^s b_i\,g(\sigma_i) \tag{4.4}$$

gefunden. Ausdrücke dieser Art sind unter Umständen auch sinnvoll, wenn die Koeffizienten nicht über Polynominterpolation konstruiert wurden. Daher betrachten wir ab jetzt etwas allgemeiner jeden Ausdruck der Form (4.4), gegeben durch seine Koeffizienten b_i und c_i für $i = 1, \ldots, s$, als einen möglichen Kandidaten für eine

---

[1] Joseph-Louis Lagrange (1736–1813), italienischer Mathematiker und Astronom

Quadraturformel. Die Werte b_i heißen Gewichte der Quadraturformel, die Werte c_i legen die Punkte $\sigma_i = \alpha + c_i\,(\beta - \alpha)$ fest, an denen die Funktion $g(\sigma)$ auszuwerten ist.

Die zwei einfachsten Beispiele von Quadraturformeln sind die linksseitige Recht-   **Beispiele**
ecksregel (Formel (4.4) mit $s = 1$ und $c_1 = 0$, $b_1 = 1$):

$$Q(g) = (\beta - \alpha)\, g(\alpha)$$

und die rechtsseitige Rechtecksregel (Formel (4.4) mit $s = 1$ und $c_1 = 1$, $b_1 = 1$):

$$Q(g) = (\beta - \alpha)\, g(\beta).$$

Diese beiden Näherungsformeln haben eine einfache geometrische Interpretation, die in Abbildung 4.1.1 illustriert ist: Das Integral, also die Fläche zwischen dem Graphen von g und der σ-Achse im Intervall $[\alpha, \beta]$, wird durch die Fläche des jeweiligen grau eingefärbten Rechtecks angenähert, dessen Höhe der Funktionswert von g am linken bzw. am rechten Intervallende ist.

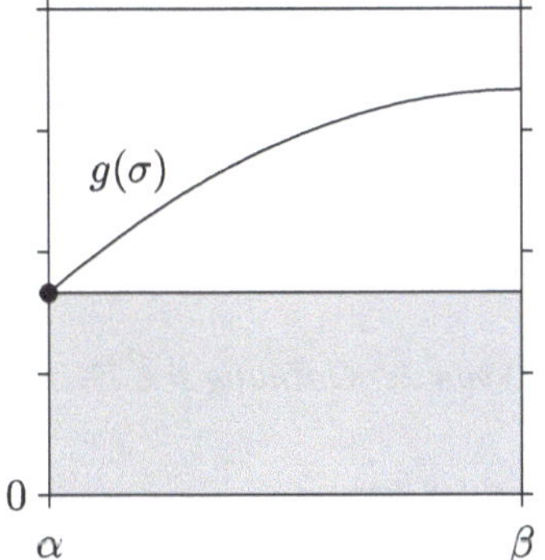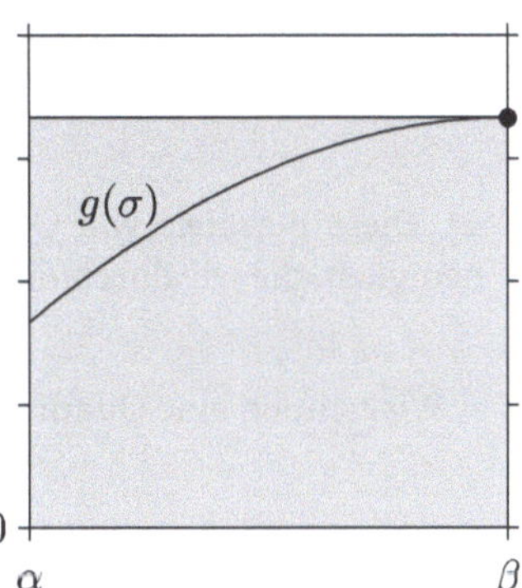

Abb. 4.1.1. Linksseitige und rechtsseitige Rechtecksregel

Zwei weitere einfache Quadraturformeln sind die Mittelpunktsregel (Formel (4.4) mit $s = 1$ und $c_1 = 1/2$, $b_1 = 1$):

$$Q(g) = (\beta - \alpha)\, g\left(\frac{\alpha + \beta}{2}\right)$$

und die Trapezregel (Formel (4.4) mit $s = 2$ und $c_1 = 0$, $c_2 = 1$, $b_1 = b_2 = 1/2$):

$$Q(g) = \frac{\beta - \alpha}{2}\,\big(g(\alpha) + g(\beta)\big).$$

Die Trapezregel ist uns bereits in Band 1, Seite 42, bei der Finite-Elemente-Methode begegnet.

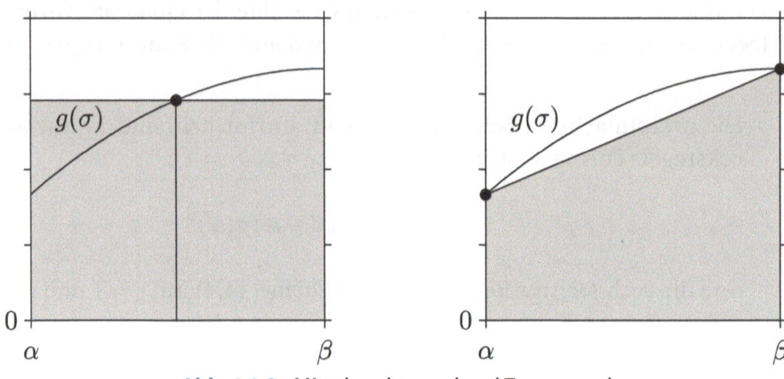

Abb. 4.1.2. Mittelpunktsregel und Trapezregel

In Abbildung 4.1.2 sind diese beiden Quadraturformeln ebenfalls illustriert. Bei der Mittelpunktsregel wird das Integral durch die Fläche des grau eingefärbten Rechtecks angenähert, dessen Höhe der Funktionswert von g in der Mitte des Intervalls $[\alpha, \beta]$ ist. Bei der Trapezregel wird das Integral durch die Fläche des grau eingefärbten Trapezes angenähert, das sich aus den Funktionswerten von g an den Intervallenden ergibt.

Diese Beispiele von Quadraturformeln unterscheiden sich bezüglich ihrer Genauigkeit, die wir durch die folgende Definition erfassen wollen:

Definition Wir nennen eine Quadraturformel (4.4) *von der Ordnung $p \in \mathbb{N}$*, falls

$$\int_{\alpha}^{\beta} q(\sigma)\, d\sigma = (\beta - \alpha) \sum_{i=1}^{s} b_i\, q(\sigma_i)$$

für alle Polynome q vom Grad $\leq p - 1$.

Bei Verwendung einer Quadraturformel der Ordnung p entsteht also für Polynome vom Grad $\leq p - 1$ kein Fehler gegenüber dem exakten Integral. Setzt man speziell $q(\sigma) = 1$, so erhält man für alle Quadraturformeln der Ordnung $p \geq 1$ die notwendige Bedingung an die Gewichte:

$$b_1 + b_2 + \ldots + b_s = 1.$$

Eine s-stufige Quadraturformel, die auf Polynominterpolation beruht, ist natürlich mindestens von der Ordnung $p = s$, da bei der Interpolation von Polynomen vom Grad $\leq s-1$ kein Fehler entsteht. Daher besitzen die linksseitige und die rechtsseitige Rechtecksregel die Ordnung $p = 1$ und die Trapezregel die Ordnung $p = 2$, da sie durch Interpolation mit konstanten Funktionen bzw. linearen Polynomen entstehen. Obwohl die Mittelpunktsregel auf Interpolation mit konstanten Funktionen beruht, ist sie sogar von der Ordnung $p = 2$, wie man sich leicht überzeugt.

Gaußsche Quadraturformeln

Es stellt sich die nahe liegende Frage, für welche Wahl der Koeffizienten b_i, c_i einer s-stufigen Quadraturformel die Ordnung maximal ist. Jedes Polynom von Grad $\leq p-1$ lässt sich als Linearkombination von Monomen $q(\sigma) = \sigma^{k-1}$, $k = 1, \ldots, p$ darstellen. Die Quadraturformel (4.4) ist linear in g. Daher besitzt (4.4) genau dann die Ordnung p, wenn sie für diese Monome exakt ist. Also muss gelten:

$$\sum_{i=1}^{s} b_i\, c_i^{k-1} = \int_0^1 \sigma^{k-1}\, d\sigma = \frac{1}{k} \quad \text{für alle } k = 1, \ldots, p.$$

(Es genügt, nur den Fall $[\alpha, \beta] = [0, 1]$ zu betrachten, da sich der allgemeine Fall leicht durch eine affine Transformation auf diesen Fall reduzieren lässt.) Wir erhalten p Bedingungsgleichungen in $2s$ Unbekannten. Das lässt hoffen, dass $p = 2s$ erreichbar ist. Man beachte allerdings, dass die Unbekannten c_i nichtlinear auftreten. Umso überraschender ist es, dass der Nachweis $p = 2s$ tatsächlich gelingt. Er stammt von Carl Friedrich Gauß[2].

Als Vorbereitung benötigen wir die Legendre[3]-Polynome. Eine mögliche Definition dieser Folge $(P_n(x))_{n \in \mathbb{N}_0}$ von Polynomen in einer Unbekannten x ist die Rekursion:

$$P_{n+1}(x) = \frac{2n+1}{n+1}\, x\, P_n(x) - \frac{n}{n+1}\, P_{n-1}(x) \quad \text{für alle } n \in \mathbb{N}$$

mit den Anfangssetzungen $P_0(x) = 1$ und $P_1(x) = x$. Die für unsere Zwecke wichtigsten Eigenschaften von Legendre-Polynomen sind:

1. $P_n(x)$ ist ein Polynom vom Grad n und besitzt genau n verschiedene reelle Nullstellen, die alle im Intervall $(-1, 1)$ liegen.

2. Die Legendre-Polynome sind orthogonal bezüglich des L_2-Skalarproduktes auf dem Intervall $[-1, 1]$:

$$\int_{-1}^{1} P_m(x) P_n(x)\, dx = 0 \quad \text{für alle } m, n \in \mathbb{N}_0 \text{ mit } m \neq n.$$

Unter der *s-stufigen Gaußschen Quadraturformel* mit $s \in \mathbb{N}$ versteht man jene Quadraturformel der Form (4.4), deren Koeffizienten c_i, $= 1, 2 \ldots, s$ die s Nullstellen des Polynoms $\tilde{P}_s(\sigma) = P_s(2\sigma - 1)$ sind, wobei P_s das Legendre-Polynom vom Grad s bezeichnet, und deren Gewichte durch   **Definition**

$$b_i = \int_0^1 \hat{\ell}_i(\sigma)\, d\sigma, \quad i = 1, \ldots, s$$

gegeben sind.

Gaußsche Quadraturformeln. Die s-stufige Gaußsche Quadraturformel hat die Ordnung $p = 2s$.   **Satz**

---

[2]Carl Friedrich Gauß (1777–1855), deutscher Mathematiker, Astronom und Physiker
[3]Adrien-Marie Legendre (1752–1833), französischer Mathematiker

Beweis. Wir können uns auch hier auf den Fall $[\alpha, \beta] = [0, 1]$ beschränken.

Die Wahl der Gewichte b_i der s-stufigen Gaußschen Quadraturformel zeigt, dass die Quadraturformel auf Polynominterpolation beruht. Somit ist die Quadraturformel mindestens von der Ordnung s: $p \geq s$.

Die Orthogonalitätsbeziehung der Legendre-Polynome auf $[-1, 1]$ überträgt sich sofort auf eine entsprechende Orthogonalitätsbeziehung der transformierten Polynome $\tilde{P}_n$ auf dem Intervall $[0, 1]$.

Jedes Polynom $p_{2s-1}(\sigma)$ vom Grad $\leq 2s - 1$ lässt sich in der Form

$$p_{2s-1}(\sigma) = q_{s-1}(\sigma)\,\tilde{P}_s(\sigma) + r_{s-1}(\sigma)$$

schreiben, wobei $q_{s-1}(\sigma)$ und $r_{s-1}(\sigma)$ Polynome von Grad $\leq s - 1$ sind. Durch Integration folgt:

$$\int_0^1 p_{2s-1}(\sigma)\,d\sigma = \int_0^1 q_{s-1}(\sigma)\,\tilde{P}_s(\sigma)\,d\sigma + \int_0^1 r_{s-1}(\sigma)\,d\sigma.$$

Das erste Integral auf der rechten Seite verschwindet wegen der Orthogonalitätseigenschaft: Das Polynom $q_{s-1}(\sigma)$ lässt sich als Linearkombination der Polynome $\tilde{P}_0(\sigma), \tilde{P}_1(\sigma), \ldots, \tilde{P}_{s-1}(\sigma)$ darstellen, die alle L_2-orthogonal zu $\tilde{P}_s(\sigma)$ sind. Also gilt:

$$\int_0^1 p_{2s-1}(\sigma)\,d\sigma = \int_0^1 r_{s-1}(\sigma)\,d\sigma = \sum_{i=1}^{s} b_i\, r_{s-1}(c_i).$$

Wegen $\tilde{P}_s(c_i) = 0$ folgt:

$$\sum_{i=1}^{s} b_i\, r_{s-1}(c_i) = \sum_{i=1}^{s} b_i \left[q_{s-1}(c_i)\,\tilde{P}_s(c_i) + r_{s-1}(c_i) \right] = \sum_{i=1}^{s} b_i\, p_{2s-1}(c_i).$$

Also entsteht kein Fehler für Polynome $p_{2s-1}(\sigma)$ vom Grad $\leq 2s - 1$. $\qquad\square$

Die einfachste Gaußsche Quadraturformel ist die Mittelpunktsregel ($s = 1$). Es lässt sich zeigen, dass es keine Quadraturformel der Form (4.4) gibt, die eine höhere Ordnung als $2s$ besitzt, siehe Übungsaufgabe 16.

Bemerkung. Eine andere bekannte Klasse von Quadraturformeln bilden die Newton[4]-Cotes[5]-Formeln. Sie beruhen ebenfalls auf Polynominterpolation, allerdings mit äquidistanten Stützstellen

$$\sigma_i = \alpha + \frac{i-1}{s-1}\,(\beta - \alpha) \quad \text{für } i = 1, \ldots, s.$$

Für $s = 2$ erhält man die Trapezregel. Bei gleicher Stufenzahl s ist die Ordnung der Newton-Cotes-Formeln kleiner als die Ordnung der Gaußschen Quadraturformeln.

---

[4]Isaac Newton (1643–1727), englischer Physiker und Mathematiker
[5]Roger Cotes (1682–1716), englischer Mathematiker

Eine Fehlerabschätzung

Sei $\|\cdot\|$ eine beliebige Norm in $\mathbb{R}^n$. Dann gilt:

> **Satz**
>
> Für eine Quadraturformel (4.4) der Ordnung $p \in \mathbb{N}$ gilt: Es gibt eine Konstante $C > 0$, sodass
>
> $$\left\| Q(g) - \int_\alpha^\beta g(\sigma)\, d\sigma \right\| \le C\,(\beta - \alpha)^p \int_\alpha^\beta \|g^{(p)}(\sigma)\|\, d\sigma \qquad (4.5)$$
>
> für alle $\alpha < \beta$ und alle $g \in C^p([\alpha, \beta], \mathbb{R}^n)$.

Beweis. Es genügt den Fall $[\alpha, \beta] = [0, 1]$ zu betrachten.

Es gilt nach der Taylor-Formel[6]:

$$g(\sigma) = \underbrace{g(0) + \frac{\sigma}{1!}\,g'(0) + \ldots + \frac{\sigma^{p-1}}{(p-1)!}\,g^{(p-1)}(0)}_{q(\sigma)} + \underbrace{\int_0^\sigma \frac{(\sigma - \gamma)^{p-1}}{(p-1)!}\,g^{(p)}(\gamma)\, d\gamma}_{R_{p-1}(\sigma)}.$$

Also

$$\sum_{i=1}^s b_i\, g(c_i) - \int_0^1 g(\sigma)\, d\sigma = \underbrace{\sum_{i=1}^s b_i\, q(c_i) - \int_0^1 q(\sigma)\, d\sigma}_{= 0} + R(g)$$

mit

$$R(g) = \sum_{i=1}^s b_i\, R_{p-1}(c_i) - \int_0^1 R_{p-1}(\sigma)\, d\sigma$$

$$= \sum_{i=1}^s b_i \int_0^{c_i} \frac{(c_i - \gamma)^{p-1}}{(p-1)!}\,g^{(p)}(\gamma)\, d\gamma - \int_0^1 \int_0^\sigma \frac{(\sigma - \gamma)^{p-1}}{(p-1)!}\,g^{(p)}(\gamma)\, d\gamma\, d\sigma.$$

Daraus folgt sofort wegen $|\sigma - \gamma| \le 1$ und $|c_i - \gamma| \le 1$ die Abschätzung

$$\|R(g)\| \le \frac{|b_1| + |b_2| + \ldots + |b_s| + 1}{(p-1)!} \int_0^1 \|g^{(p)}(\sigma)\|\, d\sigma.$$

$\square$

Bemerkung. Die Abschätzung im letzten Satz lässt erahnen, dass der Betragssumme der Gewichte $\|b\|_1 - |b_1| + |b_2| + \cdots + |b_s|$ eine wichtige Bedeutung zukommt. Eine entscheidende Voraussetzung für die Konvergenz einer Folge von Quadraturformeln der Form (4.4) gegen das Integral (4.3) für beliebige stetige Funktionen g ist die Existenz einer gemeinsamen oberen Schranke für $\|b\|_1$. Bei den Gaußschen Quadraturformeln sind alle Gewichte positiv, siehe Übungsaufgabe 15. Daher gilt $\|b\|_1 = b_1 + b_2 + \cdots + b_s = 1$. Die gemeinsame obere Schranke ist also 1. Die Folge der

---

[6]Brook Taylor (1685–1731), englischer Mathematiker

Gaußschen Quadraturformeln konvergiert tatsächlich für alle stetigen Funktionen mit $s \to \infty$ gegen das Integral (4.3). Diese Konvergenzeigenschaft besitzt die Folge der Newton-Cotes-Formeln nicht. Ab $s > 7$ treten auch negative Gewichte auf, eine von s unabhängige obere Schranke für $\|b\|_1$ existiert nicht.

Typischerweise verwendet man Quadraturformeln, wie die Gaußschen Quadraturformeln oder die Newton-Cotes-Formeln, nicht direkt für das gesamte Intervall $[\alpha, \beta]$, sondern unterteilt das Intervall zunächst in kleinere Teilintervalle, auf denen dann diese Quadraturformeln eingesetzt werden. Näherungen dieser Bauart nennt man summierte Quadraturformeln. Bei Verwendung von Quadraturformeln, die auf Polynominterpolation beruhen, erspart man sich dadurch die Interpolation mit Polynomen hohen Grades. Die Genauigkeit von summierten Quadraturformeln lässt sich stattdessen durch Verkleinerung der Teilintervalle verbessern. Die Stufenzahl s und die Koeffizienten b_i und c_i der auf den Teilintervallen eingesetzten Quadraturformeln bleiben unverändert.

Wir haben diese Strategie bereits in Band 1 auf Seite 42 bei der Approximation der Komponenten des Lastvektors eingesetzt (summierte Trapezregel) und werden sie nun auch zur näherungsweisen Berechnung von $u(t)$, gegeben durch (4.2) auf Seite 31, verwenden.

Anwendung auf das einfache Anfangswertproblem

Wir unterteilen das Intervall $[0, T]$ durch eine endliche Folge von Gitterpunkten

$$0 = t_0 < t_1 < \ldots < t_m = T$$

und konstruieren Näherungen von $u(t)$, gegeben durch (4.2), an den Gitterpunkten t_j durch Anwendung einer Quadraturformel der Form (4.4) auf den Teilintervallen $[t_k, t_{k+1}]$ der Länge $\tau_k = t_{k+1} - t_k$ mit $k = 0, \ldots, j - 1$. Auf diese Art erhalten wir für

$$u(t_j) = u_0 + \int_0^{t_j} f(t)\, dt = u_0 + \sum_{k=0}^{j-1} \int_{t_k}^{t_{k+1}} f(t)\, dt$$

folgende Näherung:

$$u_j = u_0 + \sum_{k=0}^{j-1} \tau_k \sum_{i=1}^{s} b_i f(t_k + c_i \tau_k).$$

Offensichtlich gilt:

$$u_{j+1} = u_j + \tau_j \sum_{i=1}^{s} b_i f(t_j + c_i \tau_j), \quad j = 0, 1, \ldots, m - 1. \tag{4.6}$$

Diese Formel lässt sich als diskretisierte Version der Identität

$$u(t_{j+1}) = u(t_j) + \int_{t_j}^{t_{j+1}} f(t)\, dt, \quad j = 0, 1, \ldots, m - 1,$$

interpretieren, die man durch Integration von $u'(t) = f(t)$ über dem Intervall $[t_j, t_{j+1}]$ erhält. Die Formel (4.6) erlaubt die sukzessive Berechnung der Näherungen u_k für die exakten Werte $u(t_k)$ in den Gitterpunkten t_k, beginnend mit dem gegebenen Anfangswert u_0 für $t_0 = 0$.

Die Genauigkeit der Näherungen lässt sich durch die Anzahl m der Intervallunterteilungen, die Schrittweiten $\tau_j, j = 0, \ldots, m-1$, die Anzahl der Stufen s und die Koeffizienten $b_i, c_i, i = 1, \ldots, s$ der Quadraturformel beeinflussen. Es gilt:

Sei $u \in C^{p+1}([0, T], \mathbb{R}^n)$. Falls die Quadraturformel (4.4) die Ordnung $p \in \mathbb{N}$ besitzt, gilt

$$\|u(t_k) - u_k\| \leq C\,\tau^p \int_0^{t_k} \|u^{(p+1)}(t)\|\,dt \quad \text{mit} \quad \tau = \max_{j=0,\ldots,m-1} \tau_j$$

für alle $k = 0, 1, \ldots, m$ mit einer von u und τ unabhängigen Konstanten $C > 0$. **Satz**

Beweis. Es gilt:

$$u(t_{j+1}) - u_{j+1} = u(t_j) - u_j + \int_{t_j}^{t_{j+1}} f(t)\,dt - \tau_j \sum_{i=1}^s b_i f(t_j + c_i\,\tau_j).$$

Verwendet man die Abschätzung des Satzes von Seite 37 auf dem Teilintervall $[t_j, t_{j+1}]$ für die Funktion $f(t)$, so erhält man

$$\left\| \int_{t_j}^{t_{j+1}} f(t)\,dt - \tau_j \sum_{i=1}^s b_i f(t_j + c_i\,\tau_j) \right\| \leq C\,\tau_j^p \int_{t_j}^{t_{j+1}} \|f^{(p)}(t)\|\,dt.$$

Also folgt mit der Dreiecksungleichung

$$\|u(t_{j+1}) - u_{j+1}\| \leq \|u(t_j) - u_j\| + C\,\tau_j^p \int_{t_j}^{t_{j+1}} \|f^{(p)}(t)\|\,dt$$

und damit durch sukzessive Anwendung:

$$\|u(t_k) - u_k\| \leq C\left[\tau_0^p \int_{t_0}^{t_1} \|f^{(p)}(t)\|\,dt + \ldots \tau_{k-1}^p \int_{t_{k-1}}^{t_k} \|f^{(p)}(t)\|\,dt \right]$$

$$\leq C\,\tau^p \left[\int_{t_0}^{t_1} \|f^{(p)}(t)\|\,dt + \ldots \int_{t_{k-1}}^{t_k} \|f^{(p)}(t)\|\,dt \right]$$

$$= C\,\tau^p \int_0^{t_k} \|f^{(p)}(t)\|\,dt = C\,\tau^p \int_0^{t_k} \|u^{(p+1)}(t)\|\,dt.$$

$\square$

Wesentliches Ziel der weiteren Ausführungen ist es, die in diesem Abschnitt vorgestellte Strategie zur Lösung von Differentialgleichungen mit rechter Seite $f(t)$ auf den allgemeinen Fall einer rechten Seite $f(t, u)$ zu erweitern. Wir beginnen mit dem einfachsten Verfahren:

■ 4.2
Das Eulersche Polygonzugverfahren

Wie vorhin gehen wir von einer Unterteilung des Zeitintervalls $[0, T]$ durch eine endliche Folge von Gitterpunkten

$$0 = t_0 < t_1 < \ldots < t_m = T$$

aus, die ein Gitter $I_\tau = \{t_0, t_1, \ldots, t_m\}$ mit Schrittweiten $\tau_j = t_{j+1} - t_j$ und Feinheit

$$\tau = \max_{j=0,1,\ldots,m-1} \tau_j$$

bestimmen.

Durch eine Taylor-Entwicklung der exakten Lösung $u(t)$ im Punkt $t_0 = 0$ erhält man eine Näherung

$$u_\tau(t) = u(t_0) + (t - t_0)\,u'(t_0) = u_0 + (t - t_0)f(t_0, u_0) \quad \text{für } t \in [t_0, t_1].$$

Im Speziellen gilt für die Näherung $u_1 = u_\tau(t_1)$:

$$u_1 = u_0 + \tau_0\,f(t_0, u_0).$$

Eine Taylor-Entwicklung der exakten Lösung $u(t)$ im Punkt t_1 führt auf

$$u(t_1) + (t - t_1)\,u'(t_1) = u(t_1) + (t - t_1)f(t_1, u(t_1)) \quad \text{für } t \in [t_1, t_2].$$

Ersetzt man $u(t_1)$ durch die Näherung u_1, so erhalten wir die Näherung

$$u_\tau(t) = u_1 + (t - t_1)f(t_1, u_1) \quad \text{für } t \in [t_1, t_2]$$

und damit die folgende Näherung $u_2 = u_\tau(t_2)$ im Punkt t_2:

$$u_2 = u_1 + \tau_1\,f(t_1, u_1).$$

Setzt man diesen Prozess analog fort, so erhält man eine stetige und stückweise lineare Funktion $u_\tau(t)$ als Näherung für die exakte Lösung $u(t)$. Der Graph von $u_\tau(t)$ ist ein Polygonzug durch die Punkte (t_k, u_k), welche durch

$$u_{j+1} = u_j + \tau_j\,f(t_j, u_j) \quad \text{für alle } j = 0, 1, \ldots, m - 1,$$

gegeben sind, siehe Abbildung 4.2.3, in der als Spezialfall eine konstante Schrittweite gewählt wurde. Dieses Verfahren zur Konstruktion einer Näherungslösung wird Eulersches Polygonzugverfahren oder auch explizites Euler-Verfahren genannt. Es wurde von Leonhard Euler[7] im Jahre 1768 veröffentlicht.

---

[7]Leonhard Euler (1707–1783), Schweizer Mathematiker und Physiker

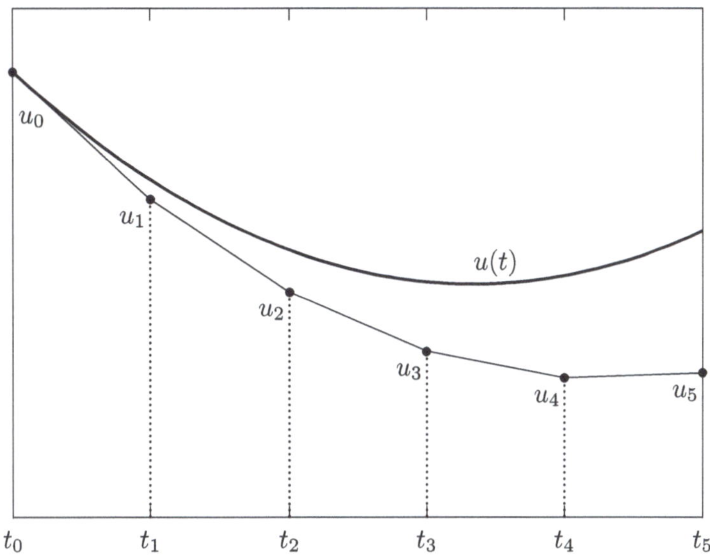

Abb. 4.2.3. Das Eulersche Polygonzugverfahren

Bemerkung. Die Bezeichnung $u_\tau(t)$ für eine Näherung von $u(t)$ wurde analog zur Bezeichnung $u_h(x)$ für $u(x)$ im stationären Fall (siehe Band 1) gewählt. Der Feinheit h einer Zerlegung $\mathcal{T}_h$ im stationären Fall entspricht hier die maximale Schrittweite τ des Gitters I_τ. Der Index τ in $u_\tau(t)$ steht natürlich für das gesamte unterlegte Gitter und nicht nur für die maximale Schrittweite, wie es auch bei stationären Problemen mit dem Index h in $u_h(x)$ der Fall war.

Bemerkung. Das explizite Euler-Verfahren spielt nicht nur in der Numerischen Mathematik sondern auch in der Analyse von Anfangswertproblemen eine bedeutende Rolle. Es liefert für beliebige Intervallunterteilungen eine Näherungslösung. Unter den Bedingungen des Satzes von Picard-Lindelöf lassen sich solche Näherungslösungen finden, die eine Cauchy-Folge im vollständigen Raum der stetigen Funktionen $C([0, T], \mathbb{R}^n)$ bilden und daher eine stetige Funktion $u(t)$ als Grenzwert besitzen. Von dieser Funktion zeigt man leicht, dass sie eindeutige Lösung des Anfangswertproblems ist. Überlegungen dieser Art gehen auf Cauchy[8] zurück, siehe auch die Darstellung in [5].

Offensichtlich lässt sich das explizite Euler-Verfahren auch folgendermaßen schreiben:

$$\frac{1}{\tau_j}\left(u_{j+1} - u_j\right) = f(t_j, u_j) \quad \text{für alle } j = 0, 1, \ldots, m - 1. \tag{4.7}$$

Vergleicht man diese (Differenzen-)Gleichung mit der ursprünglichen Differentialgleichung

$$u'(t) = f(t, u(t)), \tag{4.8}$$

---

[8]Augustin Louis Cauchy (1789–1857), französischer Mathematiker

so erkennt man, dass das explizite Euler-Verfahren auch als jene Finite-Differenzen-Methode interpretiert werden kann, die entsteht, wenn man in der Differentialgleichung (4.8) an der Stelle $t = t_j$ die Ableitung $u'(t_j)$ durch den Differenzenquotienten

$$\frac{1}{\tau_j}\left(u(t_j + \tau_j) - u(t_j)\right)$$

ersetzt. Dieser Differenzenquotient heißt Vorwärtsdifferenzenquotient (bezüglich des Auswertungszeitpunktes t_j).

Die obige Herleitung des expliziten Euler-Verfahrens mit Hilfe von einfachen Taylor-Entwicklungen motiviert den Namen Polygonzugverfahren, die obige Interpretation des Verfahrens als Finite-Differenzen-Methode erlaubt eine Einordnung in bereits bekannte Diskretisierungsmethoden. Die nun folgende dritte Herleitung mit Hilfe von Quadraturformeln knüpft an die Überlegungen im letzten Abschnitt an und ist Ausgangspunkt für die Konstruktion einer größeren Klasse von Verfahren, den so genannten Runge-Kutta-Verfahren.

Durch Integration der Differentialgleichung (4.8) über dem Intervall $[t, t + \tau]$ erhält man die Beziehung

$$u(t + \tau) = u(t) + \int_t^{t+\tau} f(\sigma, u(\sigma))\, d\sigma. \tag{4.9}$$

Die Lösung lässt sich also im Punkt $t + \tau$ aus der Lösung im Punkt t bestimmen, sofern das Integral berechnet werden könnte, was natürlich nicht der Fall ist, da die noch unbekannte exakte Lösung im Integranden auftritt.

Daher liegt es nahe, sich mit einer Approximation des Integrals zu begnügen. Die einfachste Möglichkeit ist die linksseitige Rechtecksregel, siehe Seite 33, die auf die Näherung

$$\tau f(t, u(t))$$

für das obige Integral führt. Durch Anwendung dieser Idee in den Gitterpunkten t_j erhält man aus (4.9) die folgende Beziehung für Näherungen u_k von $u(t_k)$:

$$u_{j+1} = u_j + \tau_j f(t_j, u_j) \quad \text{für alle } j = 0, 1, \ldots, m - 1.$$

Das explizite Euler-Verfahren entsteht also auch durch Approximation des Integrals in (4.9) mit Hilfe der linksseitigen Rechtecksregel.

■ 4.3
Eine erste Konvergenzanalyse

Das explizite Euler-Verfahren liefert in den Gitterpunkten t_k Näherungen u_k, die wir durch die Zuordnung $t_k \mapsto u_k$ zu einer Funktion $u_\tau : I_\tau \longrightarrow \mathbb{R}^n$ zusammenfassen. (Genau genommen ist diese Funktion die Einschränkung der bereits im letzten Abschnitt eingeführten Funktion $u_\tau : [0, T] \longrightarrow \mathbb{R}^n$ auf I_τ. Wir werden allerdings der Einfachheit halber in der Notation nicht zwischen einer Funktion auf $[0, T]$ und ihrer Einschränkung auf I_τ unterscheiden.) Funktionen von I_τ nach $\mathbb{R}^n$ werden Gitterfunktionen genannt.

Für die Konvergenzanalyse ist es zweckmäßig, von der Formulierung (4.7) des expliziten Euler-Verfahrens als Finite-Differenzen-Methode auszugehen, die wir leicht in Nullpunktform schreiben können:

$$\psi_\tau(u_\tau) = 0. \tag{4.10}$$

Dabei ist $\psi_\tau : v_\tau \mapsto \psi_\tau(v_\tau)$ folgende Abbildung auf der Menge der Gitterfunktionen: Einer Gitterfunktion $v_\tau : t_k \mapsto v_k$ wird jene Gitterfunktion $\psi_\tau(v_\tau) : t_k \mapsto \psi_k(v_\tau)$ zuordnet, die durch

$$\psi_{j+1}(v_\tau) = \frac{1}{\tau_j}\left(v_{j+1} - v_j\right) - f(t_j, v_j) \quad \text{für alle } j = 0, 1, \ldots, m-1$$

und $\psi_0(v_\tau) = v_0 - u_0$ gegeben ist.

Wir hoffen natürlich, dass der Unterschied zwischen der exakten Lösung und den Näherungen in den Gitterpunkten für kleiner werdende Schrittweiten immer kleiner wird. Diesen Unterschied nennen wir den globalen Fehler:

Der *globale Fehler* (oder auch *Diskretisierungsfehler*) ist jene Gitterfunktion   **Definition**
$e_\tau : t_k \mapsto e_k$, die durch

$$e_k = u(t_k) - u_k$$

gegeben ist.

Siehe Abbildung 4.3.4 für eine graphische Darstellung des globalen Fehlers.

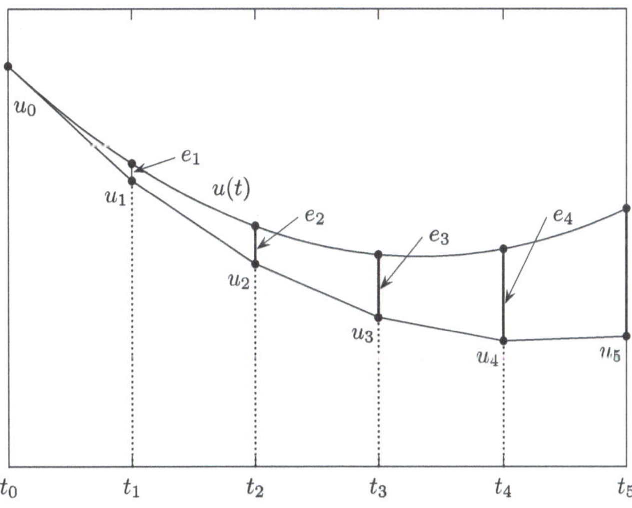

Abb. 4.3.4. Globaler Fehler

Um die Größe des globalen Fehlers messen zu können, führen wir auf der Menge aller Gitterfunktionen eine Norm ein, z.B.:

$$\|v_\tau\|_{X_\tau} = \max_{k=0,1,\ldots,m} \|v_k\|$$

für eine Gitterfunktion $v_\tau \colon t_k \mapsto v_k$. Für die Norm $\|v_k\|$ der Werte $v_k \in \mathbb{R}^n$ verwenden wir eine uns geeignet erscheinende Norm in $\mathbb{R}^n$, wie z.B. die euklidische Norm. Den entsprechenden normierten Raum aller Gitterfunktionen bezeichnen wir mit X_τ.

Wir sind nun in der Lage, präzise unsere Erwartung an das Näherungsverfahren zu formulieren:

Definition   Das explizite Euler-Verfahren heißt *konvergent* (bezüglich der Norm $\|\cdot\|_{X_\tau}$), falls

$$\|e_\tau\|_{X_\tau} \to 0 \quad \text{für } \tau \to 0.$$

Wir stellen dem globalen Fehler den so genannten lokalen Fehler gegenüber:

Definition   Der *lokale Fehler* im Gitterpunkt $t_{j+1} = t_j + \tau_j$ ist für das explizite Euler-Verfahren gegeben durch

$$d_{j+1} = d(t_j, \tau_j) = u(t_j + \tau_j) - \Big(u(t_j) + \tau_j f(t_j, u(t_j)) \Big).$$

Der lokale Fehler ist also die Differenz zwischen der exakten Lösung der Differentialgleichung und der Näherungslösung an der Stelle t_{j+1} nach nur einem Schritt des expliziten Euler-Verfahrens mit Startwert $u(t_j)$ an der Stelle t_j.

Die Situation ist in Abbildung 4.3.5 illustriert: Der unterste Polygonzug ist das Resultat des expliziten Euler-Verfahrens (mit Startwert $u_0 = u(0)$ bei $t_0 = 0$). Alle weiteren Polygonzüge sind das Ergebnis des expliziten Euler-Verfahrens mit Startwert $u(t_k)$ im Punkt t_k und dienen nur der Analyse. So startet der zweite Polygonzug von unten im Punkt t_1 mit dem Startwert $u(t_1)$. Die Differenz der beiden untersten Polygonzüge bei t_1 ist genau der lokale Fehler d_1. Diese Differenz pflanzt sich durch das Näherungsverfahren fort und liefert einen ersten Beitrag zum globalen Fehler in einem späteren Punkt t_j (in der Abbildung $t_j = t_5$). Das Gleiche gilt für alle weiteren lokalen Fehler. Der globale Fehler im Punkt t_j besteht also aus einzelnen Beiträgen, die als Fortpflanzungen der lokalen Fehler $d_k, k = 1, \ldots, j$ durch das Näherungsverfahren interpretiert werden können.

Ein weiterer Fehlerbegriff, der eng mit dem lokalen Fehler zusammenhängt, ist der Konsistenzfehler (auch Abschneidefehler oder Approximationsfehler genannt):

Definition   Sei u die Lösung von (4.1). Dann nennt man die Gitterfunktion $\psi_\tau(u)$ den *Konsistenzfehler* des expliziten Euler-Verfahrens.

Genau genommen ist das Argument u von ψ_τ die Einschränkung der exakten Lösung auf I_τ. Wie vereinbart verwenden wir dafür die gleiche Bezeichnung. Der Konsistenzfehler ist also jene Gitterfunktion $\psi_\tau(u) \colon t_k \mapsto \psi_k(u)$, die durch

$$\psi_{j+1}(u) = \frac{1}{\tau_j}\big(u(t_{j+1}) - u(t_j) \big) - f(t_j, u(t_j)) \quad \text{für alle } j = 0, 1, \ldots, m-1$$

und $\psi_0(u) = u(0) - u_0 = 0$ gegeben ist.

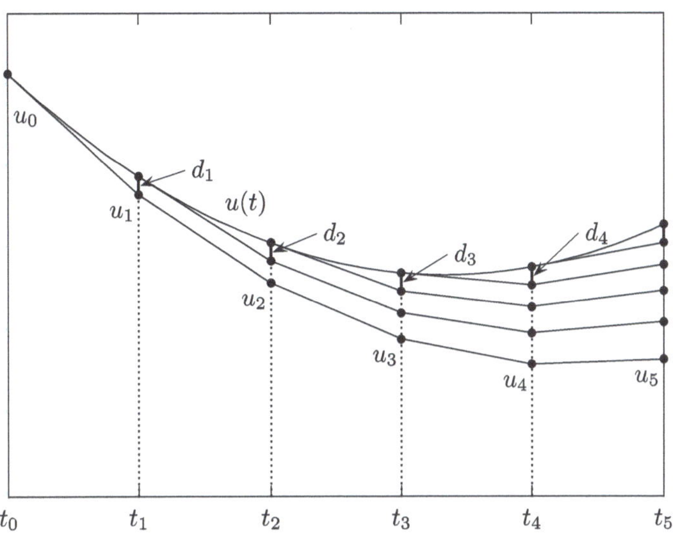

Abb. 4.3.5. Lokaler Fehler

Die Näherung u_τ ist Lösung der Näherungsgleichung (4.10). Wir können zwar nicht erwarten, dass die exakte Lösung u diese Näherungsgleichung ebenfalls erfüllt, aber u sollte (4.10) für kleiner werdende Schrittweiten immer genauer erfüllen. D.h. der Ausdruck $\psi_\tau(u)$, also der Konsistenzfehler, sollte immer kleiner werden. Um das herauszufinden, nutzen wir den offensichtlichen Zusammenhang

$$\psi_{j+1}(u) = \frac{1}{\tau_j} d_{j+1} \quad \text{für } j = 0, 1, \ldots, m-1$$

zwischen dem Konsistenzfehler und dem lokalen Fehler und führen eine Taylor-Entwicklung des lokalen Fehlers im Punkt t durch:

$$d(t, \tau) = u(t + \tau) - u(t) - \tau f(t, u(t))$$
$$= u(t) + \tau\, u'(t) + \frac{\tau^2}{2}\, u''(t) + \mathcal{O}(\tau^3) - u(t) - \tau f(t, u(t))$$
$$= \tau \underbrace{\left[u'(t) - f(t, u(t)) \right]}_{= 0} + \frac{\tau^2}{2}\, u''(t) + \mathcal{O}(\tau^3) = \frac{\tau^2}{2}\, u''(t) + \mathcal{O}(\tau^3).$$

Das Landau-Symbol $\mathcal{O}(\tau^3)$ steht für das Restglied der Taylor-Entwicklung, dessen Norm für eine hinreichend glatte Funktion u durch einen Ausdruck der Form $K\,\tau^3$ mit einer geeigneten Konstanten K abgeschätzt werden kann. In der obigen Darstellung lässt sich $u''(t)$ auch durch f und den partiellen Ableitungen f_t und f_u von f bezüglich t und u ausdrücken: Dazu differenzieren wir die Identität

$$u'(t) = f(t, u(t))$$

nach t und erhalten

$$u''(t) = f_t(t, u(t)) + f_u(t, u(t))u'(t) = (f_t + f_u f)(t, u(t)). \qquad (4.11)$$

Also

$$d(t, \tau) = \tau^2\, C(t, u(t)) + \mathcal{O}(\tau^3) \quad \text{mit} \quad C(t, u) = \frac{1}{2}\,(f_t + f_u f)(t, u).$$

Der Koeffizient $C(t, u(t))$ von τ^2 verschwindet im Allgemeinen nicht. Der Term $\tau^2\, C(t, u(t))$ heißt der führende Fehlerterm und zeigt, dass der lokale Fehler annähernd proportional zu τ^2 ist. Aus dem obigen Zusammenhang zwischen dem lokalen Fehler und dem Konsistenzfehler folgt somit

$$\psi_{j+1}(u) = \tau_j\, C(t_j, u(t_j)) + \mathcal{O}(\tau_j^2).$$

Für kleiner werdende Schrittweiten erfüllt also u tatsächlich die Näherungsgleichung (4.10) immer genauer.

Aus der Definition des Konsistenzfehlers folgt:

$$u(t_{j+1}) = u(t_j) + \tau_j \left[f(t_j, u(t_j)) + \psi_{j+1}(u) \right].$$

Vergleicht man mit dem expliziten Euler-Verfahren

$$u_{j+1} = u_j + \tau_j f(t_j, u_j),$$

so sieht man, dass die Gitterfunktion $u\colon t_k \mapsto u(t_k)$ als Ergebnis eines expliziten Euler-Verfahrens interpretiert werden kann, bei dem allerdings gegenüber dem ursprünglichen Verfahren auf der rechten Seite zusätzlich eine Störung $\psi_{j+1}(u)$ auftritt.

Um zu verstehen, wie groß der Unterschied zwischen der exakten Lösung und der Näherungslösung ist, ist es einerseits erforderlich, zu untersuchen, wie klein die Störungen $\psi_{j+1}(u)$ sind und andererseits, wie sich diese Störungen auf die Differenz von u und u_τ, also auf den globalen Fehler auswirken. Den ersten Teil der Untersuchung nennt man Konsistenzanalyse, den zweiten Teil Stabilitätsanalyse. Wir wissen bereits, wie klein $\psi_{j+1}(u)$ ist und setzen daher mit der Stabilitätsanalyse fort:

Stabilitätsanalyse

Wir betrachten die Gitterfunktion $u_\tau\colon t_k \mapsto u_k$, die durch das explizite Euler-Verfahren gegeben ist:

$$u_{j+1} = u_j + \tau_j f(t_j, u_j) \quad \text{für } j = 0, 1, \ldots, m-1.$$

Führt man eine Störung y_0 des Startwertes u_0 und Störungen y_{j+1} der rechten Seiten $f(t_j, u_j)$ ein, so erhält man eine Gitterfunktion $\tilde{u}_\tau\colon t_k \mapsto \tilde{u}_k$, die durch

$$\tilde{u}_{j+1} = \tilde{u}_j + \tau_j \left[f(t_j, \tilde{u}_j) + y_{j+1} \right] \quad \text{für } j = 0, 1, \ldots, m-1 \qquad (4.12)$$

mit

$$\tilde{u}_0 = u_0 + y_0 \qquad (4.13)$$

gegeben ist.

Wir wollen nun wissen, wie sich diese Störungen auf die Differenz $\tilde{u}_j - u_j$ in einem späteren Punkt t_j auswirken. Die Situation ist in Abbildung 4.3.6 illustriert: Der unterste Polygonzug ist das Resultat des (ungestörten) expliziten Euler-Verfahrens (mit Startwert $u_0 = u(0)$ bei $t_0 = 0$). Alle weiteren Polygonzüge sind das Ergebnis des (ungestörten) Euler-Verfahrens mit Startwert $\tilde{u}_k$ im Punkt t_k. So startet der zweite Polygonzug von unten im Punkt t_0 mit dem Startwert $\tilde{u}_0$. Diese Differenz pflanzt sich durch das (ungestörte) Euler-Verfahren fort und liefert einen ersten Beitrag zur Differenz $\tilde{u}_j - u_j$ in einem späteren Punkt t_j (in der Abbildung $t_j = t_5$). Der dritte Polygonzug von unten startet im Punkt t_1 mit dem Startwert $\tilde{u}_1$. Gegenüber dem zweiten Polygonzug von unten entspricht das wegen

$$\tilde{u}_1 = \tilde{u}_0 + \tau_0 \left(f(t_0, \tilde{u}_0) + y_1 \right) = \left(\tilde{u}_0 + \tau_0 f(t_0, \tilde{u}_0) \right) + \tau_0 \, y_1$$

einer zusätzlichen Störung im Punkt t_1 um die Größe $\tau_0 \, y_1$. Diese pflanzt sich durch das (ungestörte) Euler-Verfahren fort und liefert einen zweiten Beitrag zur Differenz $\tilde{u}_j - u_j$. Auf analoge Weise führen alle weiteren Störungen $y_k, k = 2, \ldots, j$ auf weitere Beiträge zur Differenz $\tilde{u}_j - u_j$.

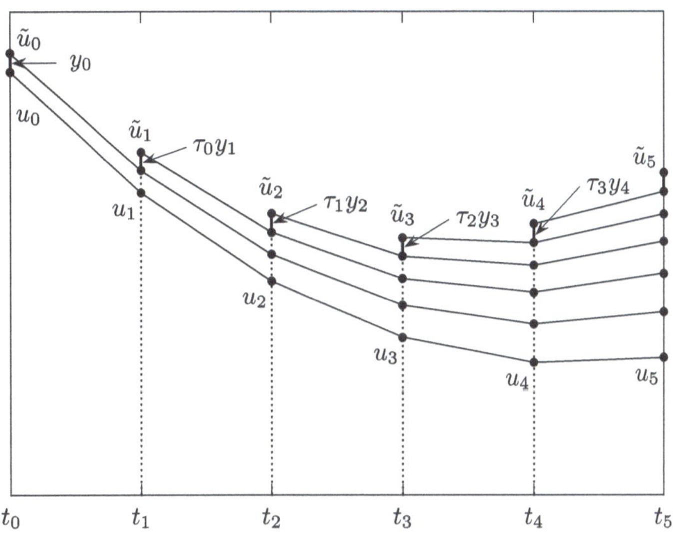

Abb. 4.3.6. Stabilitätsabschätzungen

Um herauszufinden, welchen Beitrag die einzelnen Störungen zur gesamten Differenz $\tilde{u}_j - u_j$ im Punkt t_j liefern, müssen wir also in der Lage sein, die Differenz zweier Folgen im Punkt t_j abzuschätzen, die durch das (ungestörte) Euler-Verfahren mit zwei unterschiedlichen Anfangswerten in einem früheren Punkt t_k entstehen. Eine Antwort liefert das folgende Lemma:

Angenommen, die Funktion f erfüllt eine Lipschitz-Bedingung bezüglich des zweiten Arguments. D.h. es gibt eine Konstante $L \geq 0$ mit

$$\|f(t, w) - f(t, v)\| \leq L \, \|w - v\| \quad \text{für alle } t \in [0, T], \, v, w \in \mathbb{R}^n. \tag{4.14}$$

Lemma

Dann gilt für zwei Folgen $(v_\ell)_{\ell=k,k+1,\ldots,m}$ und $(w_\ell)_{\ell=k,k+1,\ldots,m}$, die durch

$$v_{j+1} = v_j + \tau_j f(t_j, v_j) \quad \text{und} \quad w_{j+1} = w_j + \tau_j f(t_j, w_j) \quad \text{für } j \geq k$$

mit Startwerten v_k und w_k bei t_k gegeben sind, folgende Abschätzung:

$$\|w_j - v_j\| \leq e^{(t_j - t_k)L} \|w_k - v_k\| \quad \text{für alle } j \geq k.$$

Beweis. Für $j \geq k$ gilt:

$$
\begin{aligned}
\|w_{j+1} - v_{j+1}\| &= \left\| \left(w_j + \tau_j f(t_j, w_j)\right) - \left(v_j + \tau_j f(t_j, v_j)\right) \right\| \\
&= \left\| (w_j - v_j) + \tau_j \left(f(t_j, w_j) - f(t_j, v_j)\right) \right\| \\
&\leq \|w_j - v_j\| + \tau_j \|f(t_j, w_j) - f(t_j, v_j)\| \leq (1 + \tau_j L) \|w_j - v_j\| \\
&\leq e^{\tau_j L} \|w_j - v_j\|.
\end{aligned}
$$

Wendet man diese Abschätzung wiederholt an, so folgt für $j \geq k$:

$$
\begin{aligned}
\|w_j - v_j\| &\leq e^{\tau_{j-1} L} \cdot e^{\tau_{j-2} L} \cdot \ldots \cdot e^{\tau_k L} \|w_k - v_k\| \\
&= e^{(\tau_{j-1} + \tau_{j-2} + \ldots + \tau_k)L} \|w_k - v_k\| = e^{(t_j - t_k)L} \|w_k - v_k\|.
\end{aligned}
$$

$\square$

Der Abstand zwischen den beiden Folgen kann also im Allgemeinen steigen, aber maximal um einen Faktor, der unabhängig von den gewählten Schrittweiten zwischen Startpunkt t_k und Endpunkt t_j ist. Das ist der wesentlichste Teil der Aussage dieses Lemmas und man spricht in diesem Fall von einem stabilen Verfahren, siehe die präzise Definition auf Seite 49. Die spezielle Form des Faktors resultiert aus der getroffenen Annahme, hier einer Lipschitz-Bedingung an f. Wir werden später andere Bedingungen kennen lernen, die auf andere Faktoren führen, jedenfalls aber auf Faktoren, die von den Schrittweiten unabhängig sind.

Wir wenden nun dieses Lemma an, um den Abstand zwischen u_τ und $\tilde{u}_\tau$ abzuschätzen. Für die Differenz der beiden unteren Polygonzüge im Punkt t_j erhalten wir aus dem obigen Lemma die Abschätzung

$$e^{(t_j - t_0)L} \|y_0\|.$$

Für die Differenz des zweiten und dritten Polygonzugs von unten folgt im Punkt t_j die Abschätzung

$$e^{(t_j - t_1)L} \|\tau_0 y_1\| = e^{(t_j - t_1)L} \tau_0 \|y_1\|.$$

Auf ähnliche Weise lassen sich auch alle weiteren Störungen $y_k, k = 2, \ldots, j$, berücksichtigen. Die Differenz der beiden benachbarten Polygonzüge im Punkt t_j lässt sich durch

$$e^{(t_j - t_k)L} \tau_{k-1} \|y_k\|$$

abschätzen. Insgesamt erhält man daher folgende obere Schranke für die Gesamtauswirkung aller Störungen:

$$\|\tilde{u}_j - u_j\| \leq e^{(t_j - t_0)L}\,\|y_0\| + e^{(t_j - t_1)L}\,\tau_0\,\|y_1\| + \ldots + e^{(t_j - t_j)L}\,\tau_{j-1}\,\|y_j\|$$
$$\leq e^{t_j L}\left[\|y_0\| + \tau_0\,\|y_1\| + \ldots + \tau_{j-1}\,\|y_j\|\right].$$

Im Speziellen gilt für $j = m$ wegen $t_j \leq T$:

$$\|\tilde{u}_\tau - u_\tau\|_{X_\tau} \leq e^{TL}\,\|y_\tau\|_{Y_\tau}$$

mit der neuen Norm

$$\|y_\tau\|_{Y_\tau} = \|y_0\| + \tau_0\,\|y_1\| + \ldots + \tau_{m-1}\,\|y_m\|$$

für die Gitterfunktion $y_\tau\colon t_k \mapsto y_k$. Den entsprechenden normierten Raum von Gitterfunktionen bezeichnen wir mit Y_τ.

Beachtet man noch zusätzlich, dass sich (4.12) und (4.13) auch kurz in der Form

$$\psi_\tau(\tilde{u}_\tau) = y_\tau$$

schreiben lassen, so haben wir zusammenfassend folgende Aussage bewiesen:

Angenommen, die Funktion f erfüllt die Lipschitz-Bedingung (4.14). Dann gilt für das explizite Euler-Verfahren: **Satz**

$$\|\tilde{u}_j - u_j\| \leq e^{t_j L}\left[\|\psi_0(\tilde{u}_\tau)\| + \tau_0\,\|\psi_1(\tilde{u}_\tau)\| + \ldots + \tau_{j-1}\,\|\psi_j(\tilde{u}_\tau)\|\right]$$

für alle $\tilde{u}_\tau \in X_\tau$ und $j = 0, 1, \ldots, m$. Im Speziellen gilt für $j = m$ mit $C = e^{TL}$:

$$\|\tilde{u}_\tau - u_\tau\|_{X_\tau} \leq C\,\|\psi_\tau(\tilde{u}_\tau)\|_{Y_\tau} \quad \text{für alle } \tilde{u}_\tau \in X_\tau. \tag{4.15}$$

Diese Aussage ist Anlass für folgende Definition:

Das explizite Euler-Verfahren heißt *stabil* (bezüglich der gewählten Normen $\|\cdot\|_{X_\tau}$ und $\|\cdot\|_{Y_\tau}$), wenn eine Abschätzung der Form (4.15) mit einer von den Schrittweiten unabhängigen Konstanten C gilt.   **Definition**

Die Konstante C in der obigen Definition nennen wir Stabilitätskonstante. Das explizite Euler-Verfahren ist also stabil, falls die Lipschitz-Bedingung (4.14) erfüllt ist. Sofern C nicht groß ist, erzeugen kleine Störungen im Anfangswert oder in der rechten Seite nur kleine Störungen in der Näherungslösung.

Bemerkung. Wegen $\psi_\tau(u_\tau) = 0$ lässt sich die Stabilitätsbedingung (4.15) auch folgendermaßen schreiben:

$$\|\tilde{u}_\tau - u_\tau\|_{X_\tau} \leq C\,\|\psi_\tau(\tilde{u}_\tau) - \psi_\tau(u_\tau)\|_{Y_\tau} \quad \text{für alle } \tilde{u}_\tau \in X_\tau.$$

Die obige Stabilitätsbedingung entspricht also genau einer Lipschitz-Bedingung an die Inverse der Abbildung $\psi_\tau \colon X_\tau \longrightarrow Y_\tau$.

Als wichtigen Spezialfall des obigen Satzes erhalten wir für $y_\tau = \psi_\tau(u)$:

Folgerung

Angenommen, die Funktion f erfüllt die Lipschitz-Bedingung (4.14). Dann gilt für das explizite Euler-Verfahren:

$$\|u(t_j) - u_j\| \le e^{t_j L}\left[\tau_0\,\|\psi_1(u)\| + \ldots + \tau_{j-1}\,\|\psi_j(u)\|\right]$$

für alle $j = 0, 1, \ldots, m$. Im Speziellen gilt für $j = m$:

$$\|e_\tau\|_{X_\tau} \le C\,\|\psi_\tau(u)\|_{Y_\tau}, \quad \text{mit} \quad C = e^{LT}.$$

Wir wissen nun, in welcher Norm wir den Konsistenzfehler $\psi_\tau(u)$ benötigen und kehren nochmals zur Konsistenzanalyse zurück.

Konsistenzanalyse

Wie wir vorhin gesehen haben, ist vor allem die Störung $y_\tau = \psi_\tau(u)$ interessant. Das führt auf folgenden wichtigen Begriff:

Definition

Das explizite Euler-Verfahren heißt *konsistent* mit dem Anfangswertproblem (4.1) für die exakte Lösung u (bezüglich der Norm $\|\cdot\|_{Y_\tau}$), falls

$$\|\psi_\tau(u)\|_{Y_\tau} \to 0 \quad \text{für } \tau \to 0.$$

Die Taylor-Entwicklung von vorhin lieferte bereits Informationen über das Verhalten des Konsistenzfehlers. Wir wissen aus dem Resultat der Stabilitätsanalyse genau, in welchem Sinne (bezüglich welcher Norm) der Konsistenzfehler klein sein soll und führen daher nun eine detaillierte Analyse in dieser Norm durch.

Für $u \in C^2([0, T], \mathbb{R}^n)$ gilt:

$$\psi_{j+1}(u) = \frac{1}{\tau_j}\left(u(t_{j+1}) - u(t_j)\right) - f(t_j, u(t_j))$$

$$= \frac{1}{\tau_j}\left(u(t_{j+1}) - u(t_j)\right) - u'(t_j) = \frac{1}{\tau_j}\left[\int_{t_j}^{t_{j+1}} u'(t)\,dt - \tau_j\,u'(t_j)\right].$$

Der Klammerausdruck ist der Fehler, der bei der Approximation des Integrals durch die linksseitige Rechtecksregel entsteht. Aus dem Satz auf Seite 37 erhält man eine Abschätzung der Form

$$\left\|\int_{t_j}^{t_{j+1}} u'(t)\,dt - \tau_j\,u'(t_j)\right\| \le C\,\tau_j \int_{t_j}^{t_{j+1}} \|u''(t)\|\,dt.$$

Laut Übungsaufgabe 17 gilt diese Abschätzung für $C = 1$. Also folgt:

$$\|\psi_{j+1}(u)\| \leq \int_{t_j}^{t_{j+1}} \|u''(t)\| \, dt.$$

Damit lässt sich leicht der folgende Satz beweisen:

Sei u die Lösung von (4.1) und es gelte $u \in C^2([0, T], \mathbb{R}^n)$. Dann folgt für das explizite Euler-Verfahren:

$$\tau_0 \|\psi_1(u)\| + \ldots + \tau_{j-1} \|\psi_j(u)\| \leq \tau \int_0^{t_j} \|u''(t)\| \, dt$$

für alle $j = 0, 1, \ldots, m - 1$. Im Speziellen gilt ($j = m$):

$$\|\psi_\tau(u)\|_{Y_\tau} \leq K\,\tau \quad \text{mit} \quad K = \int_0^T \|u''(t)\| \, dt.$$

Das explizite Euler-Verfahren ist also konsistent mit (4.1).

Beweis.

$$\tau_0 \|\psi_1(u)\| + \ldots + \tau_{j-1} \|\psi_j(u)\|$$

$$\leq \tau_0 \int_{t_0}^{t_1} \|u''(t)\| \, dt + \ldots + \tau_{j-1} \int_{t_{j-1}}^{t_j} \|u''(t)\| \, dt \leq \tau \int_0^{t_j} \|u''(t)\| \, dt.$$

$\square$

Bemerkung. Die einfachere punktweise Analyse des Konsistenzfehlers durch Taylor-Entwicklung lieferte bereits die entscheidende Aussage über seine Größenordnung $\mathcal{O}(\tau)$. Es ist daher nicht überraschend, dass die obige Analyse der Norm des Konsistenzfehlers zum gleichen Ergebnis kommt. Diese Analyse erfordert allerdings zusätzlich, dass wir uns Gedanken über die benötigten globalen Eigenschaften der beteiligten Funktionen machen.

Nach der Untersuchung der Konsistenz und der Stabilität wenden wir uns nun der eigentlichen Aufgabe, nämlich der Untersuchung der Konvergenz zu:

Konvergenzanalyse

Falls das explizite Euler-Verfahren stabil ist, folgt damit sofort für den globalen Fehler:

$$\|e_\tau\|_{X_\tau} \leq C \|\psi_\tau(u)\|_{Y_\tau}.$$

Falls das Verfahren konsistent ist, folgt

$$\|\psi_\tau(u)\|_{Y_\tau} \to 0 \quad \text{für } \tau \to 0.$$

Beide Eigenschaften garantieren daher Konvergenz:

$$\|e_\tau\|_{X_\tau} \leq C \,\|\psi_\tau(u)\|_{Y_\tau} \to 0 \quad \text{für } \tau \to 0.$$

Also, kurz:

$$\boxed{\text{Konsistenz } + \text{ Stabilität } = \text{ Konvergenz}}$$

Unter hinreichenden Glattheitsvoraussetzungen an u konnten wir für den Konsistenzfehler zeigen, dass

$$\|\psi_\tau(u)\|_{Y_\tau} \leq K\,\tau,$$

und sprechen in diesem Fall von einem Verfahren der Konsistenzordnung 1.

Daraus folgt für den globalen Fehler:

$$\|e_\tau\|_{X_\tau} \leq C\,K\,\tau.$$

Wir sprechen diesem Fall von einem Verfahren mit Konvergenzordnung 1. Also gilt:

$$\boxed{\text{Konsistenzordnung } = \text{ Konvergenzordnung}}$$

Alle hergeleiteten Aussagen für das explizite Euler-Verfahren fassen wir im folgenden Satz zusammen:

Satz

Sei u die Lösung von (4.1) und es gelte $u \in C^2([0, T], \mathbb{R}^n)$. Angenommen, die Funktion f erfüllt die Lipschitz-Bedingung (4.14). Dann ist das explizite Euler-Verfahren konvergent und es gilt die Abschätzung

$$\|u(t_j) - u_j\| \leq \tau\,e^{t_j L} \int_0^{t_j} \|u''(t)\|\,dt \quad \text{für alle } j = 0, 1, \ldots, m.$$

Im Speziellen gilt ($j = m$):

$$\|e_\tau\|_{X_\tau} \leq C\,K\,\tau \quad \text{mit } C = e^{TL} \text{ und } K = \int_0^T \|u''(t)\|\,dt.$$

■ 4.4

Erweiterung auf explizite Runge-Kutta-Verfahren

Das explizite Euler-Verfahren ist sehr einfach zu verstehen, sehr einfach durchzuführen und eignet sich daher besonders gut, die wesentlichen Konzepte einzuführen und die grundsätzliche Strategie der Konvergenzanalyse klar zu machen. Deswegen wurde dieses Verfahren als Einstieg gewählt. Andererseits ist das Verfahren nur von erster Ordnung, was zur Folge hat, dass nur für sehr kleine Zeitschrittweiten mit genauen Ergebnissen zu rechnen ist.

Die Bahnkurve eines Satelliten, der unter dem Einfluss der Anziehungskraft von   **Beispiel**
Erde und Mond steht, lässt sich durch folgendes Anfangswertproblem beschrei-
ben, siehe z.B. [5] und vor allem [1] für eine ausführlichere Diskussion des
Modells:

$$u_1'(t) = u_3(t),$$
$$u_2'(t) = u_4(t),$$
$$u_3'(t) = u_1(t) + 2\,u_4(t) - \mu'\,\frac{u_1(t) + \mu}{D_1} - \mu\,\frac{u_1(t) - \mu'}{D_2},$$
$$u_4'(t) = u_2(t) - 2\,u_3(t) - \mu'\,\frac{u_2(t)}{D_1} - \mu\,\frac{u_2(t)}{D_2}$$

mit $\mu = 0.012277471$, $\mu' = 1 - \mu$ und

$$D_1 = \big((u_1(t) + \mu)^2 + u_2(t)^2\big)^{3/2}, \quad D_2 = \big((u_1(t) - \mu')^2 + u_2(t)^2\big)^{3/2}.$$

Die Funktionen $u_1(t)$, $u_2(t)$ sind die $x-$ bzw. y-Koordinaten, die Funktionen
$u_3(t), u_4(t)$ die entsprechenden Geschwindigkeitskomponenten des Satelliten in
jener Ebene, die durch die drei Körper festgelegt wird. Die Erde befindet sich
im Punkt $(-\mu, 0)$, also nahe beim Ursprung, der Mond im Punkt $(1 - \mu, 0)$, also
nahe bei $(1, 0)$. Der Abstand 1 zwischen Erde und Mond entspricht dem realen
Abstand von 384 400 km. Wir wählen folgende Anfangsbedingungen:

$$u_1(0) = 0.994, \quad u_2(0) = 0.0, \quad u_3(0) = 0.0, \quad u_4(0) = -2.001\,585\,106\,379\,08.$$

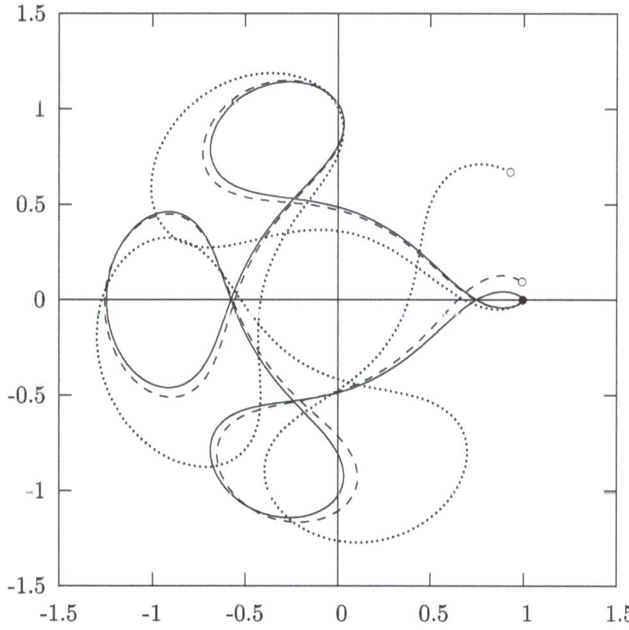

Abb. 4.4.7. Eulersches Polygonzugverfahren zur Bahnberechnung

Der Startpunkt liegt also auf der x-Achse, etwas rechts vom Mond. Die Anfangs-geschwindigkeit zeigt in die negative y-Richtung. Für diese Anfangswerte erhält man eine in t periodische Lösung mit Periode $T = 17.065\,216\,560\,157\,96$. In Abbildung 4.4.7 ist diese Satellitenbahn in einem x-y-Diagramm für das Zeitin-tervall $[0, T]$ als geschlossene, durchgezogene Kurve dargestellt. Der Startpunkt der Bahnkurve ($t = 0$), der mit dem Endpunkt zusammenfällt ($t = T$), ist mit dem Symbol • markiert.

Das explizite Euler-Verfahren liefert in 100 000 äquidistanten Zeitschritten (also $\tau = T/10^5$) die punktierte Kurve mit Startpunkt • und einem Endpunkt, mit dem Symbol ∘ markiert, der in realen Abmessungen etwa 258 000 km vom Startpunkt entfernt ist. Eine um den Faktor 10 kleinere Schrittweite führt auf die gestrichelte Kurve, die einigermaßen nahe zur exakten Bahnkurve verläuft, die aber immer noch einen Abstand von 36 000 km zwischen Startpunkt und Endpunkt aufweist. Will man erreichen, dass der Endpunkt nicht weiter als 1 km vom Startpunkt entfernt ist, müsste man wegen der Konvergenzordnung 1 des Euler-Verfahrens eine um einen weiteren Faktor 36 000 kleinere Zeitschrittweite τ wählen. Das führt auf insgesamt rund $3.6 \cdot 10^{10}$ Zeitschritte. Aber auch in diesem Fall haben wir noch immer nicht eine wirklich verlässliche Rückkehr zum Startpunkt simuliert.

Das verbesserte Euler-Verfahren

Es besteht also Bedarf an genaueren Verfahren. Die Idee ist einfach: Wir verwenden genauere Quadraturformeln zur Approximation des Integrals in der Beziehung (4.9) auf Seite 42. Ein erster Vorschlag in diese Richtung stammt von Runge[9] aus dem Jahre 1895. Runge verwendete die Mittelpunktsregel, siehe Seite 33: Das Integral in (4.9) wird durch die Näherung

$$\tau f\left(t + \frac{1}{2}\tau,\, u\left(t + \frac{1}{2}\tau\right)\right)$$

ersetzt. Allerdings enthält diese Näherung den nicht zur Verfügung stehenden Wert der exakten Lösung $u(t + \tau/2)$. Runge schlug vor, dafür das explizite Euler-Verfahren zu verwenden. Das heißt: Wir ersetzen in der Identität

$$u\left(t + \frac{\tau}{2}\right) = u(t) + \int_t^{t+\frac{1}{2}\tau} f(\sigma, u(\sigma))\, d\sigma,$$

die durch Integration der Differentialgleichung über dem Intervall $[t, t + \tau/2]$ ent-steht, das Integral durch die linksseitige Rechtecksregel:

$$\frac{\tau}{2} f(t, u(t)).$$

Wir erhalten dadurch eine Näherung für $u(t + \tau/2)$, die wir g_2 nennen und in der obigen Mittelpunktsregel anstelle von $u(t + \tau/2)$ verwenden.

---

[9]Carl David Tolmé Runge (1856–1927), deutscher Mathematiker

Wendet man diese Idee in den Gitterpunkten t_j an und bezeichnet die aus dem vorhergehenden Schritt (oder aus der Anfangsbedingung) berechnete Näherung für $u(t_j)$ auch mit g_1, so entsteht insgesamt das folgende Verfahren:

$$u_{j+1} = u_j + \tau_j f\left(t_j + \frac{\tau}{2}, g_2\right)$$

mit

$$g_1 = u_j,$$
$$g_2 = u_j + \frac{\tau_j}{2} f(t_j, g_1).$$

Wir nennen dieses Verfahren das verbesserte Euler-Verfahren oder auch die explizite Mittelpunktsregel. Das Verfahren lässt sich auch kompakter darstellen:

$$u_{j+1} = u_j + \tau_j\, \phi(t_j, u_j, \tau_j) \quad \text{mit} \quad \phi(t, u, \tau) = f\left(t + \frac{\tau}{2}, u + \frac{\tau}{2} f(t, u)\right).$$

Bemerkung. Das explizite Euler-Verfahren ist auch von dieser Form mit der Setzung $\phi(t, u, \tau) = f(t, u)$.

Konsistenzanalyse

Der Begriff des lokalen Fehlers lässt sich völlig analog zum expliziten Euler-Verfahren einführen. Der lokale Fehler ist der Unterschied zwischen exakter Lösung und Näherungslösung nach einem Schritt mit Startwert $u(t)$ im Punkt t, also:

$$d(t, \tau) = u(t + \tau) - \big(u(t) + \tau\, \phi(t, u(t), \tau)\big).$$

Das Verfahren lässt sich auch in der Form

$$\frac{1}{\tau_j}\left(u_{j+1} - u_j\right) = \phi(t_j, u_j, \tau_j)$$

bzw. in Nullpunktform

$$\psi_\tau(u_\tau) = 0$$

darstellen, um den Charakter einer Finite-Differenzen-Methode hervorzuheben. Dabei ist ψ_τ jene Abbildung auf dem Raum der Gitterfunktionen, die einer Gitterfunktion $v_\tau \colon t_k \mapsto v_k$ jene Gitterfunktion $\psi_\tau(v_\tau)\colon t_k \mapsto \psi_k(v_\tau)$ zuordnet, die durch

$$\psi_{j+1}(v_\tau) = \frac{1}{\tau_j}\left(v_{j+1} - v_j\right) - \phi(t_j, v_j, \tau_j)$$

und $\psi_0(v_\tau) = v_0 - u_0$ gegeben ist. Die spezielle Gitterfunktion $\psi_\tau(u)$ nennt man wie beim expliziten Euler-Verfahren den Konsistenzfehler des Verfahrens.

So wie beim expliziten Euler-Verfahren untersuchen wir zunächst die Größe des lokalen Fehlers mit Hilfe einer Taylor-Entwicklung und setzen dabei hinreichende Glattheit der beteiligten Funktionen voraus. Der Einfachheit halber betrachten wir nur den skalaren Fall $n = 1$:

$$d(t, \tau) = u(t + \tau) - u(t) - \tau f\left(t + \frac{\tau}{2}, u(t) + \frac{\tau}{2}f(t, u(t))\right)$$

$$= u(t) + \tau\, u'(t) + \frac{\tau^2}{2}\, u''(t) + \frac{\tau^3}{6}\, u'''(t) + \mathcal{O}(\tau^4)$$

$$- u(t) - \tau\Big[f(t, u(t)) + \frac{\tau}{2}\,(f_t + f_u f)(t, u(t))$$

$$+ \frac{\tau^2}{8}\,(f_{tt} + 2f_{tu}f + f_{uu}f^2)(t, u(t)) + \mathcal{O}(\tau^3)\Big]$$

$$= \tau\, \underbrace{\left[u'(t) - f(t, u(t))\right]}_{=\,0} + \frac{\tau^2}{2}\, \underbrace{\left[u''(t) - (f_t + f_u f)(t, u(t))\right]}_{=\,0,\ \text{siehe (4.11)}}$$

$$+ \tau^3\left[\frac{1}{6}u'''(t) - \frac{1}{8}\big(f_{tt} + 2f_{tu}f + f_{uu}f^2\big)(t, u(t))\right] + \mathcal{O}(\tau^4).$$

Dabei bezeichnen f_{tt}, f_{tu} und f_{uu} die entsprechenden zweiten partiellen Ableitungen von f nach t bzw. u. Durch Differentiation der Identität (4.11) erhält man

$$u'''(t) = \big(f_{tt} + 2f_{tu}f + f_{uu}f^2 + f_u f_t + f_u^2 f\big)(t, u(t)).$$

Also:

$$d(t, \tau) = \tau^3\, \underbrace{\frac{1}{24}\big(f_{tt} + 2f_{tu}f + f_{uu}f^2 + 4(f_u f_t + f_u^2 f)\big)(t, u(t))}_{C(t,\, u(t))} + \mathcal{O}(\tau^4).$$

Der Koeffizient $C(t, u(t))$ von τ^3 verschwindet im Allgemeinen nicht. Also ist der lokaler Fehler annähernd proportional zu τ^3 mit dem führenden Fehlerterm $\tau^3 C(t, u(t))$. Aus dem Zusammenhang $\psi_{j+1}(u) = d_{j+1}/\tau_j$ mit $d_{j+1} = d(t_j, \tau_j)$ folgt dann:

$$\psi_{j+1}(u) = \tau_j^2\, C(t_j, u(t_j)) + \mathcal{O}(\tau_j^3).$$

Der lokale Fehler des verbesserten Euler-Verfahrens ist offensichtlich um eine Größenordnung genauer als der lokale Fehler des expliziten Euler-Verfahrens.

Neben dieser punktweisen Abschätzung erhält man unter geeigneten Glattheitsvoraussetzungen auch eine entsprechende Abschätzung der Norm des Konsistenzfehlers: Es gibt eine Konstante K mit

$$\|\psi_\tau(u)\|_{Y_\tau} \leq K\,\tau^2.$$

Ein Verfahren besitzt *Konsistenzordnung p*, falls es eine Konstante K gibt, sodass   **Definition**

$$\|\psi_\tau(u)\|_{Y_\tau} \leq K\,\tau^p.$$

Das verbesserte Euler-Verfahren besitzt also die Konsistenzordnung 2.

Explizite *s*-stufige Runge-Kutta-Verfahren

Die Konstruktion von Näherungsverfahren nach dem bisherigen Prinzip lässt sich leicht verallgemeinern. Zur Approximation des Integrals in der Beziehung

$$u(t + \tau) = u(t) + \int_t^{t+\tau} f(\sigma, u(\sigma))\, d\sigma$$

starten wir mit einer Quadraturformel der Form (siehe (4.4)):

$$\tau\left[b_1 f(t, u(t)) + b_2 f(t + c_2\,\tau, u(t + c_2\,\tau)) + \cdots + b_s f(t + c_s\,\tau, u(t + c_s\,\tau))\right]$$

mit Koeffizienten b_i, c_i für $i = 1, 2, \ldots, s$, wobei wir stets $c_1 = 0$ wählen.

Anstelle der nicht verfügbaren Größen $u(t + c_i\,\tau)$, für welche die Beziehungen

$$u(t + c_i\,\tau) = u(t) + \int_t^{t+c_i\,\tau} f(\sigma, u(\sigma))\, d\sigma$$

gelten, werden Näherungen g_i berechnet, indem die obigen Integrale durch weitere Quadraturformeln der Form

$$\tau\left[a_{i1} f(t, u(t)) + a_{i2} f(t + c_2\,\tau, u(t + c_2\,\tau)) + \cdots + a_{is} f(t + c_s\,\tau, u(t + c_s\,\tau))\right]$$

ersetzt werden mit geeigneten Koeffizienten a_{ik} für $k = 1, 2, \ldots, s$ und den gleichen Koeffizienten c_i für $i = 1, 2, \ldots, s$ wie oben. Wir berechnen die Näherungen g_i der Reihe nach, beginnend mit

$$g_1 = u_j.$$

Dann steht uns zur Berechnung von g_2 bereits eine (aber noch keine weitere) Näherung g_1 zur Verfügung. Wir sollten also zur Berechnung von g_2 eine Quadraturformel verwenden, die mit g_1 auskommt, also nur ein nicht-triviales Gewicht a_{21} (alle anderen Gewichte sind 0) besitzt:

$$g_2 = u_j + \tau_j\,a_{21} f(t_j, g_1).$$

Zur Berechnung von g_3 stehen uns dann schon zwei Näherungen g_1 und g_2 zur Verfügung und wir verwenden eine Quadraturformel mit zwei nicht-trivialen Gewichten a_{31} und a_{32}:

$$g_3 = u_j + \tau_j\left[a_{31} f(t_j, g_1) + a_{32} f(t_j + c_2\,\tau_j, g_2)\right],$$

u.s.w. Dadurch entsteht insgesamt eine sukzessive berechenbare Folge von Näherungen g_i:

$$g_1 = u_j,$$

$$g_2 = u_j + \tau_j\, a_{21} f(t_j, g_1),$$

$$g_3 = u_j + \tau_j \left[a_{31} f(t_j, g_1) + a_{32} f(t_j + c_2 \tau_j, g_2) \right],$$

$$\vdots$$

$$g_s = u_j + \tau_j \left[a_{s1} f(t_j, g_1) + \cdots + a_{s,s-1} f(t_j + c_{s-1} \tau_j, g_{s-1}) \right].$$

Die Näherungen g_i werden dann in der ursprünglichen Quadraturformel zur endgültigen Berechnung einer Näherung u_{j+1} im nächsten Gitterpunkt $t_{j+1} = t_j + \tau_j$ verwendet:

$$u_{j+1} = u_j + \tau_j \left[b_1 f(t_j, g_1) + \cdots + b_s f(t_j + c_s \tau_j, g_s) \right].$$

Dieses Verfahren heißt ein *s-stufiges explizites Runge-Kutta-Verfahren*. Das Verfahren ist durch die Wahl der Koeffizienten a_{ik}, b_k und c_i festgelegt. Die Koeffizienten werden üblicherweise in Form des folgenden (Butcher-)Tableaus:

$$
\begin{array}{c|ccccc}
0 & & & & & \\
c_2 & a_{21} & & & & \\
c_3 & a_{31} & a_{32} & & & \\
\vdots & \vdots & \vdots & \ddots & & \\
c_s & a_{s1} & a_{s2} & \cdots & a_{s,s-1} & \\
\hline
 & b_1 & b_2 & \cdots & b_{s-1} & b_s
\end{array}
$$

oder in kompakter Form:

$$
\begin{array}{c|c}
c & A \\
\hline
 & b^T
\end{array}
$$

mit $A = (a_{ik})_{i,k=1,\ldots,s}$, $b = (b_1, b_2, \ldots, b_s)^T$ und $c = (0, c_2, \ldots, c_s)^T$ dargestellt.

Beispiele

1. Das explizite Euler-Verfahren ist ein 1-stufiges Runge-Kutta-Verfahren mit Tableau

$$
\begin{array}{c|c}
0 & \\
\hline
 & 1
\end{array}
$$

   und Konsistenzordnung 1.

2. Das verbesserte Euler-Verfahren ist ein 2-stufiges Runge-Kutta-Verfahren mit Tableau

$$
\begin{array}{c|cc}
0 & & \\
1/2 & 1/2 & \\
\hline
 & 0 & 1
\end{array}
$$

   und Konsistenzordnung 2.

Alle expliziten Runge-Kutta-Verfahren lassen sich durch sukzessive Elimination von $g_1, \dots, g_s$ in der Form

$$u_{j+1} = u_j + \tau_j\, \phi(t_j, u_j, \tau_j) \tag{4.16}$$

darstellen.

Verfahren der Form (4.16) mit einer vorgegebenen so genannten Inkrement- **Definition**
funktion $\phi(t, u, \tau)$ heißen *Einschrittverfahren*.

Die Näherungen eines Einschrittverfahrens bestimmen eine Gitterfunktion $u_\tau\colon t_k \mapsto u_k$. Jedes Einschrittverfahren mit Inkrementfunktion $\phi(t, u, \tau)$ lässt sich in Nullpunktform darstellen:

$$\psi_\tau(u_\tau) = 0.$$

Dabei ist ψ_τ jene Abbildung, die einer Gitterfunktion $v_\tau\colon t_k \mapsto v_k$ jene Gitterfunktion $\psi_\tau(v_\tau)\colon t_k \mapsto \psi_k(v_\tau)$ zuordnet, die durch

$$\psi_{j+1}(v_\tau) = \frac{1}{\tau_j}\left(v_{j+1} - v_j\right) - \phi(t_j, v_j, \tau_j)$$

und $\psi_0(v_\tau) = v_0 - u_0$ gegeben ist. Die spezielle Gitterfunktion $\psi_\tau(u)$ nennt man den Konsistenzfehler des Einschrittverfahrens. Auch alle weiteren wichtigen bisher eingeführten Begriffe wie globaler Fehler, lokaler Fehler, führender Fehlerterm, Konsistenz(-ordnung), Stabilität, Konvergenz lassen sich in völlig analoger Weise auf allgemeine Einschrittverfahren übertragen.

Bemerkung. Man beachte, dass die Abbildung ψ_τ für alle Einschrittverfahren immer auf genau die gleichen Weise mit Hilfe der jeweiligen Inkrementfunktion ϕ konstruiert wird.

Konsistenzanalyse von expliziten Runge-Kutta-Verfahren

Die Konsistenzanalyse von expliziten Runge-Kutta-Verfahren lässt sich allgemein mit Hilfe einer Taylor-Entwicklung des lokalen Fehlers durchführen. Bisher benutzten wir diese Technik für Beispiele von einstufigen und zweistufigen Runge-Kutta-Verfahren. Bereits im Jahre 1901 veröffentlichte Kutta[10] ein 4-stufiges Verfahren, gegeben durch das Tableau

$$
\begin{array}{c|cccc}
0 & & & & \\
1/2 & 1/2 & & & \\
1/2 & 0 & 1/2 & & \\
1 & 0 & 0 & 1 & \\
\hline
& 1/6 & 1/3 & 1/3 & 1/6
\end{array}\,,
$$

---

[10] Martin Wilhelm Kutta (1867–1944), deutscher Mathematiker

von dem durch Taylor-Entwicklung gezeigt werden kann, dass es die Ordnung 4 besitzt. Dieses Verfahren wird häufig das *klassische Runge-Kutta-Verfahren* (der Ordnung 4) genannt.

Um ein explizites Runge-Kutta-Verfahren der Ordnung 5 zu erhalten, reichen 4 Stufen nicht aus. Kutta scheiterte an der Aufgabe, ein 5-stufiges Verfahren der Ordnung 5 zu konstruieren. Erst 1963 konnte erstmals gezeigt werden, dass es kein 5-stufiges Runge-Kutta-Verfahren der Ordnung 5 gibt.

Um Fragestellungen dieser Art zu untersuchen, geht man folgendermaßen vor: Man führt eine Taylor-Entwicklung des lokalen Fehlers für noch unbestimmte Koeffizienten a_{ik}, b_k und c_i durch. Um eine gewünschte Ordnung p zu erreichen, müssen die Koeffizienten von τ^ℓ in der Taylor-Entwicklung für $\ell \leq p$ und für alle rechten Seiten $f(t, u)$ verschwinden. Das führt auf polynomiale Bedingungsgleichungen an die Koeffizienten a_{ik}, b_k und c_i. Diese Bedingungsgleichungen müssen dann untersucht werden, siehe die Übungsaufgaben 20–22 als Beispiel für dieses Vorgehen.

Die Anzahl der Bedingungsgleichungen steigt sehr stark in Abhängigkeit der gewünschten Ordnung p an. Entsprechend schwierig gestaltet sich die Analyse. Die folgende Tabelle, siehe [5], fasst einige bekannte Resultate zur Frage der erreichbaren Ordnung eines expliziten Runge-Kutta-Verfahrens zusammen. Dabei bezeichnen p die gewünschte Konsistenzordnung und $s(p)$ die minimale Stufenzahl, die notwendig ist, um diese Ordnung zu erreichen:

$$
\begin{array}{c||cccc|cc|c|c}
p & 1 & 2 & 3 & 4 & 5 & 6 & 7 & 8 \\ \hline
s(p) & 1 & 2 & 3 & 4 & 6 & 7 & 9 & 11
\end{array}\ .
$$

Für $s \leq 4$ gibt es Runge-Kutta-Verfahren mit Konsistenzordnung $p = s$. Für ein Verfahren der Ordnung $p \geq 5$ benötigt man mindestens $s = p + 1$ Stufen, für ein Verfahren der Ordnung $p \geq 7$ mindestens $s = p + 2$ Stufen und für ein Verfahren der Ordnung $p \geq 8$ mindestens $s = p + 3$ Stufen. Diese Aussagen werden in der obigen Tabelle durch vertikale Striche | vor den Ordnungen 5, 7 und 8 symbolisiert. Man spricht von den so genannten Butcher-Barrieren, da wesentliche Beiträge zur Klärung solcher Fragestellungen von Butcher[11] stammen.

Stabilitätsanalyse von Einschrittverfahren

Die Stabilitätsanalyse von Einschrittverfahren (4.16) verläuft völlig analog zum Fall des expliziten Euler-Verfahrens mit dem einzigen Unterschied, dass man eine Lipschitz-Bedingung für die Inkrementfunktion $\phi(t, u, \tau)$ anstatt für $f(t, u)$ voraussetzt: Wir nehmen an, dass es eine Konstante Λ gibt, sodass

$$
\|\phi(t, w, \tau) - \phi(t, v, \tau)\| \leq \Lambda \|w - v\| \quad \text{für alle } t \in [0, T],\ v, w \in \mathbb{R}^n,\ \tau \leq \tau_{\max},
$$

wobei $\tau_{\max}$ eine vorgegebene maximale Schrittweite bezeichnet.

Man erhält dann die gleiche Abschätzung wie bei der Stabilitätsanalyse des expliziten Euler-Verfahrens mit Λ anstelle von L:

$$
\|\tilde{u}_j - u_j\| \leq e^{t_j \Lambda} \left[\|\psi_0(\tilde{u}_\tau)\| + \tau_0 \|\psi_1(\tilde{u}_\tau)\| + \ldots + \tau_{j-1} \|\psi_j(\tilde{u}_\tau)\| \right],
$$

---

[11] John C. Butcher (*1933), neuseeländischer Mathematiker

woraus sich wieder die Stabilität des Verfahrens ergibt. Eine Lipschitz-Bedingung für $\phi(t, u, \tau)$ lässt sich für alle expliziten Runge-Kutta-Verfahren leicht aus der Lipschitz-Bedingung (4.14) für $f(t, u)$ folgern. Wir betrachten als Beispiel das verbesserte Euler-Verfahren, das durch die Wahl

$$\phi(t, u, \tau) = f\left(t + \frac{\tau}{2}, u + \frac{\tau}{2} f(t, u)\right)$$

gegeben ist. Es gilt

$$\begin{aligned}
&\|\phi(t, w, \tau) - \phi(t, v, \tau)\| \\
&= \left\| f\left(t + \frac{\tau}{2}, w + \frac{\tau}{2} f(t, w)\right) - f\left(t + \frac{\tau}{2}, v + \frac{\tau}{2} f(t, v)\right) \right\| \\
&\le L \left\| \left(w + \frac{\tau}{2} f(t, w)\right) - \left(v + \frac{\tau}{2} f(t, v)\right) \right\| \\
&\le L \left[\|w - v\| + \frac{\tau}{2} \|f(t, w) - f(t, v)\| \right] \\
&\le L \left(1 + \frac{\tau}{2} L\right) \|w - v\| \le \underbrace{L \left(1 + \frac{\tau_{\max}}{2} L\right)}_{\Lambda} \|w - v\|.
\end{aligned}$$

Also folgt, wie im Fall des expliziten Euler-Verfahrens, die Stabilität aus einer Lipschitz-Bedingung an $f(t, u)$.

Konvergenzanalyse für Einschrittverfahren

Hier bleibt alles gleich: Aus der Konsistenzanalyse erhält man eine Abschätzung der Form

$$\|\psi_\tau(u)\|_{Y_\tau} \le K \, \tau^p.$$

Die Stabilität garantiert die Abschätzung

$$\|e_\tau\|_{X_\tau} \le C \, \|\psi_\tau(u)\|_{Y_\tau}.$$

Also folgt die Konvergenz

$$\|e_\tau\|_{X_\tau} \le C \, K \, \tau^p.$$

In diesem Fall sprechen wir von einem Verfahren der Konvergenzordnung p. Wie schon beim expliziten Euler-Verfahren festgestellt, erhalten wir also für stabile Verfahren eine Konvergenzordnung, die mit der Konsistenzordnung übereinstimmt.

<table>
<tr><td>

Wir kehren zum Problem der Bahnberechnung eines Satelliten zurück, siehe Seite 53. Die punktierte Kurve in Abbildung 4.4.8 stimmt mit der entsprechenden Kurve aus Abbildung 4.4.7 überein. Sie ist das Resultat des expliziten Euler-Verfahrens für die Schrittweite $\tau = T/10^5$.

Wir vergleichen nun das explizite Euler-Verfahren (Ordnung 1) mit dem verbesserten Euler-Verfahren (Ordnung 2) und dem klassischen Runge-Kutta-Verfahren der Ordnung 4. Gemessen an der Anzahl der Funktionsauswertungen der rechten Seite $f(t, u)$ der Differentialgleichung, benötigen das verbesserte

</td><td>

Beispiel

</td></tr>
</table>

Euler-Verfahren bzw. das klassische Runge-Kutta-Verfahren pro Zeitschritt doppelt bzw. viermal so viel Rechenaufwand wie das explizite Euler-Verfahren. Um einen fairen Vergleich der drei Verfahren durch einen annähernd gleichen Aufwand zu erreichen, verwenden wir daher für das verbesserte Euler-Verfahren die doppelte Schrittweite und für das klassische Runge-Kutta-Verfahren die vierfache Schrittweite.

Das verbesserte Euler-Verfahren liefert die gestrichelte Bahnkurve in Abbildung 4.4.8, die sich optisch nur sehr wenig von der exakten Bahnkurve (durchgezogene Kurve) unterscheidet. Allerdings liegt der Endpunkt immer noch 5 300 km vom Startpunkt entfernt. Die Bahnkurve, die mit dem klassischen Runge-Kutta-Verfahren berechnet wurde, ist optisch nicht von der exakten Bahnkurve unterscheidbar. Der Abstand zwischen Anfangspunkt und Endpunkt beträgt nur noch 400 km. Um unterhalb von 1 km zu kommen, genügt es wegen der Ordnung 4 die Schrittweite um den Faktor $400^{1/4} \approx 4.5$ zu reduzieren. Es reichen also $4.5 \cdot 100\,000/4 = 112\,500$ äquidistante Zeitschritte für das klassische Runge-Kutta-Verfahren. Das entspricht dem Aufwand von $4 \cdot 112\,500 = 4.5 \cdot 10^5$ Zeitschritten des expliziten Euler-Verfahrens, im Vergleich zu ursprünglich $3.6 \cdot 10^{10}$ Zeitschritten bei Verwendung des expliziten Euler-Verfahrens.

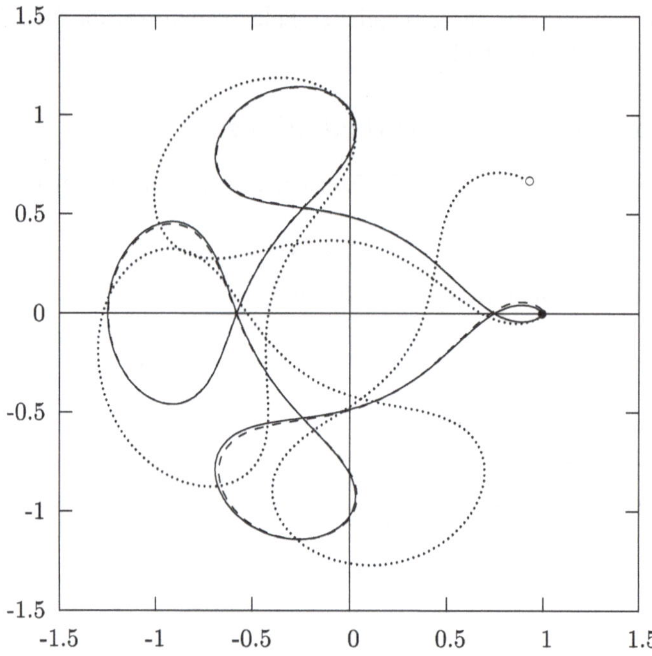

Abb. 4.4.8. Vergleich von expliziten Runge-Kutta-Verfahren

Es lohnt sich also, Verfahren höherer Ordnung zu verwenden, allerdings nur, falls $f(t, u)$ und damit auch die Lösung $u(t)$ hinreichend glatt sind.

Praktische Durchführung

Für die Effizienz eines Einschrittverfahrens ist neben der Wahl eines Verfahrens mit geeigneter Ordnung vor allem auch die Wahl der Schrittweiten τ_j von entscheidender Bedeutung.

Angenommen, wir befinden uns an der Stelle t_j und haben eine Näherung u_j der exakten Lösung $u(t_j)$ berechnet. Auch wenn wir ab dieser Stelle die Differentialgleichung exakt lösen könnten, also jene Lösung $\hat{u}(t)$ der Differentialgleichung bestimmen könnten, welche die Bedingung $\hat{u}(t_j) = u_j$ erfüllt, müssen wir auf alle Fälle im nächsten Gitterpunkt t_{j+1} mit einem Fehler

$$\hat{e}_{j+1} = u(t_{j+1}) - \hat{u}(t_{j+1})$$

rechnen. Durch die Verwendung eines Einschrittverfahrens entsteht im Allgemeinen ein größerer Fehler e_{j+1}, der neben $\hat{e}_{j+1}$ einen weiteren Anteil $\hat{d}_{j+1}$ enthält:

$$e_{j+1} = \hat{e}_{j+1} + \hat{d}_{j+1}$$

mit

$$\hat{d}_{j+1} = \hat{u}(t_{j+1}) - u_{j+1} = \hat{u}(t_{j+1}) - \left(u_j + \tau_j\,\phi(t_j, u_j, \tau_j) \right)$$

$$= \hat{u}(t_j + \tau_j) - \left(\hat{u}(t_j) + \tau_j\,\phi(t_j, \hat{u}(t_j), \tau_j) \right) = \hat{d}(t_j, \tau_j).$$

Die Größe $\hat{d}_{j+1}$ lässt sich als lokaler Fehler interpretieren. Der Unterschied zum ursprünglichen Begriff ist nur der Referenzpunkt. Während ursprünglich der lokale Fehler als Unterschied zwischen exakter Lösung und Näherungslösung nach einem Schritt des Verfahrens eingeführt wurde, das im Punkt t_j mit dem Wert $u(t_j)$ startet, ist hier der Startwert $\hat{u}(t_j) = u_j$ gemeint. Das ändert nichts an der Analyse z.B. mit Hilfe einer Taylor-Entwicklung und wir erhalten

$$\hat{d}_{j+1} = \hat{d}(t_j, \tau_j) = \tau_j^{p+1}\,C(t_j, u_j) + \mathcal{O}(\tau_j^{p+2})$$

für ein Verfahren der Ordnung p mit einem Koeffizienten $C(t, u)$ im führenden Fehlerterm, der unabhängig von der Schrittweite ist.

Da der Beitrag $\hat{e}_{j+1}$ unvermeidbar ist, konzentriert man sich bei der Fehlerkontrolle häufig auf den Term $\hat{d}_{j+1}$. Es liegt nahe, die Schrittweite so zu wählen, dass dieser lokale Fehler eine vorgegebene Genauigkeitsschranke ε nicht überschreitet:

$$\|\hat{d}(t_j, \tau_j)\| \leq \varepsilon.$$

Ersetzt man in dieser Bedingung den lokalen Fehler durch seinen führende Fehlerterm, so ist die maximale Schrittweite τ, die dieses Kriterium erfüllt, durch die Bedingung

$$\|\tau^{p+1}\,C(t_j, u_j)\| = \tau^{p+1}\,\|C(t_j, u_j)\| = \varepsilon \tag{4.17}$$

gegeben, wobei die Größe $\|C(t_j, u_j)\|$ zunächst noch unbekannt ist. Zur Bestimmung dieser Größe führen wir das Verfahren für eine (möglicherweise noch nicht optimale)

Schrittweite τ_j durch und setzen voraus, dass die Norm des resultierenden lokalen Fehlers (genauer seines führenden Fehlerterms), die wir mit δ_{j+1} bezeichnen, berechnet werden kann. Also:

$$\delta_{j+1} = \tau_j^{p+1} \, \|C(t_j, u_j)\|,$$

woraus sich die Größe $\|C(t_j, u_j)\|$ durch berechenbare Werte darstellen lässt: $\|C(t_j, u_j)\| = \delta_{j+1}/\tau_j^{p+1}$. Aus (4.17) erhalten wir dann für die maximale Schrittweite:

$$\tau = (\varepsilon/\delta_{j+1})^{1/(p+1)} \, \tau_j. \tag{4.18}$$

Aus diesen Überlegungen lässt sich folgende Strategie zur Schrittweitenwahl ableiten:

1. Wir führen zunächst einen Schritt des Verfahrens mit einer gewählten Schrittweite τ_j durch, berechnen die nächste Näherung u_{j+1} und die Norm δ_{j+1} des führenden Fehlerterms des neuen lokalen Fehlers.

2. Für den Fall, dass die gewählte Schrittweite τ_j das Kriterium $\delta_{j+1} \leq \varepsilon$ nicht erfüllt, verwerfen wir die berechnete Näherung und wiederholen den Schritt mit der neuen Schrittweite nach (4.18):

$$\tau_j \leftarrow (\varepsilon/\delta_{j+1})^{1/(p+1)} \, \tau_j.$$

3. Für den Fall, dass die gewählte Schrittweite τ_j das Kriterium $\delta_{j+1} \leq \varepsilon$ erfüllt, akzeptieren wir die berechnete Näherung und verwenden im nächsten Schritt des Verfahrens die Schrittweite nach (4.18):

$$\tau_{j+1} = (\varepsilon/\delta_{j+1})^{1/(p+1)} \, \tau_j.$$

Üblicherweise wird diese Strategie noch verfeinert: Man ersetzt (4.18) durch

$$\tau = \rho \, (\varepsilon/\delta_{j+1})^{1/(p+1)} \, \tau_j$$

mit einem Sicherheitsfaktor $\rho < 1$. Zusätzlich sorgt man dafür, dass eine minimale Schrittweite nicht unterschritten und eine maximale Schrittweite nicht überschritten werden, weitere Details findet man z.B. in [5] und [1].

In der praktischen Durchführung muss man sich natürlich mit einer guten Schätzung für δ_{j+1} begnügen. Wir besprechen nun zwei mögliche Strategien, wie man gute Schätzungen für δ_{j+1} berechnen kann:

Richardson Extrapolation

Ausgehend von einer Näherung u_j an der Stelle t_j berechnen wir mit dem Einschrittverfahren zunächst eine Näherung an der Stelle $t_{j+1} = t_j + \tau_j$:

$$u_{j+1} = u_j + \tau_j \, \phi(t_j, u_j, \tau_j).$$

Dann führen wir (ebenfalls von der Näherung u_j an der Stelle t_j ausgehend) zwei Schritte mit halber Schrittweite durch und erhalten eine zweite (bessere) Näherung

v_{j+1} an der Stelle t_{j+1}, die durch

$$v_{j+1} = v_{j+1/2} + \frac{\tau_j}{2}\,\phi\left(t_j + \frac{\tau_j}{2},\, v_{j+1/2},\, \frac{\tau_j}{2}\right) \quad \text{mit} \quad v_{j+1/2} = u_j + \frac{\tau_j}{2}\,\phi\left(t_j,\, u_j,\, \frac{\tau_j}{2}\right)$$

gegeben ist. Wir werden nun versuchen, aus u_{j+1} und v_{j+1} eine wesentlich genaue-re Näherung an der Stelle t_{j+1} zu konstruieren. Dazu untersuchen wir zunächst die Genauigkeit dieser beiden Näherungen unter der Annahme, dass das Einschrittverfahren von der Ordnung p ist.

Sei $\hat{u}(t)$ wie vorhin jene Lösung der Differentialgleichung, welche die Bedingung $\hat{u}(t_j) = u_j$ erfüllt. Für die erste Näherung u_{j+1} gilt offensichtlich:

$$\hat{u}(t_{j+1}) - u_{j+1} = \tau_j^{p+1}\, C(t_j, u_j) + \mathcal{O}(\tau_j^{p+2}). \tag{4.19}$$

Für die bessere Näherung v_{j+1} erhalten wir folgende Abschätzung:

$$\hat{u}(t_{j+1}) - v_{j+1} = 2\left(\frac{\tau_j}{2}\right)^{p+1} C(t_j, u_j) + \mathcal{O}(\tau_j^{p+2}). \tag{4.20}$$

Beweis. Wir gehen ähnlich wie bei der Konvergenzanalyse in Abschnitt 4.3 vor und spalten den Fehler in zwei Beiträge auf:

$$\hat{u}(t_{j+1}) - v_{j+1} = \big(\hat{u}(t_{j+1}) - \hat{u}_{j+1}\big) + \big(\hat{u}_{j+1} - v_{j+1}\big).$$

mit

$$\hat{u}_{j+1} = \hat{u}_{j+1/2} + \frac{\tau_j}{2}\,\phi\left(t_j + \frac{\tau_j}{2},\, \hat{u}_{j+1/2},\, \frac{\tau_j}{2}\right) \quad \text{und} \quad \hat{u}_{j+1/2} = \hat{u}\left(t_j + \frac{\tau_j}{2}\right).$$

Der erste Beitrag ist der lokale Fehler mit Startwert $\hat{u}_{j+1/2}$ in $t_j + \tau_j/2$. Daher gilt:

$$\hat{u}(t_{j+1}) - \hat{u}_{j+1} = \left(\frac{\tau_j}{2}\right)^{p+1} C\left(t_j + \frac{\tau_j}{2},\, \hat{u}_{j+1/2}\right) + \mathcal{O}(\tau_j^{p+2})$$

$$= \left(\frac{\tau_j}{2}\right)^{p+1} C(t_j, u_j) + \mathcal{O}(\tau_j^{p+2})$$

unter der Voraussetzung, dass $C(t, u)$ eine Lipschitz-Bedingung bezüglich t und u erfüllt.

Der zweite Beitrag entsteht durch Fortpflanzung des lokalen Fehlers $\hat{u}_{j+1/2} - v_{j+1/2} = \hat{u}(t_j + \tau_j/2) - v_{j+1/2}$. Wegen

$$\hat{u}\left(t_j + \frac{\tau_j}{2}\right) - v_{j+1/2} = \left(\frac{\tau_j}{2}\right)^{p+1} C(t_j, u_j) + \mathcal{O}(\tau_j^{p+2})$$

folgt

$$\hat{u}_{j+1} - v_{j+1}$$

$$= \hat{u}_{j+1/2} + \frac{\tau_j}{2}\,\phi\left(t_j + \frac{\tau_j}{2},\, \hat{u}_{j+1/2},\, \frac{\tau_j}{2}\right) - v_{j+1/2} - \frac{\tau_j}{2}\,\phi\left(t_j + \frac{\tau_j}{2},\, v_{j+1/2},\, \frac{\tau_j}{2}\right)$$

$$= \hat{u}_{j+1/2} - v_{j+1/2} + \tau_j\,\mathcal{O}(\|\hat{u}_{j+1/2} - v_{j+1/2}\|) = \left(\frac{\tau_j}{2}\right)^{p+1} C(t_j, u_j) + \mathcal{O}(\tau_j^{p+2})$$

unter der Voraussetzung, dass $\phi(t, u, \tau)$ eine Lipschitz-Bedingung bezüglich u erfüllt.

Aus den Abschätzungen der beiden Beiträge folgt dann die Behauptung mit Hilfe der Dreiecksungleichung. $\qquad\square$

Multipliziert man (4.20) mit 2^p und subtrahiert (4.19), dann verschwindet die unbekannte Größe $C(t_j, u_j)$ und man erhält:

$$\hat{u}(t_{j+1}) - w_{j+1} = \mathcal{O}(\tau_j^{p+2}) \quad \text{für} \quad w_{j+1} = v_{j+1} + \frac{1}{2^p - 1}(v_{j+1} - u_{j+1}).$$

Aus den Näherungen u_{j+1} und v_{j+1} lässt sich also eine wesentlich genauere Approximation w_{j+1} von $\hat{u}(t_{j+1})$ berechnen. Diese Technik nennt man Richardson[12]-Extrapolation. Offensichtlich gilt

$$\hat{u}(t_{j+1}) - u_{j+1} = w_{j+1} - u_{j+1} + \mathcal{O}(\tau_j^{p+2}).$$

Der führende Fehlerterm von $w_{j+1} - u_{j+1}$ stimmt also mit dem führenden Fehlerterm des lokalen Fehlers d_{j+1} überein und es liegt nahe, die Schätzung

$$\delta_{j+1} = \| w_{j+1} - u_{j+1} \|$$

zu verwenden. Im Vergleich zur Berechnung der nächsten Näherung u_{j+1} kostet die Schrittweitensteuerung zusätzlich doppelt so viel Aufwand (durch die Berechnung von $v_{j+1/2}$ und v_{j+1}). In der Praxis wird man allerdings den Prozess mit der genaueren Näherung v_{j+1} anstelle von u_{j+1} fortsetzen. Im Vergleich dazu kostet dann die Schrittweitensteuerung zusätzlich nur halb so viel Aufwand (durch die Berechnung von u_{j+1}).

Eine wichtige Entscheidung ist auch eine geeignete Wahl der Norm bei der Berechnung von δ_{j+1}. Hier kann eine richtige Skalierung der Größen von großer Bedeutung sein.

Die Richardson-Extrapolation lässt sich für jedes Einschrittverfahren zur Schrittweitenwahl einsetzen. Für Runge-Kutta-Verfahren lassen sich Schätzungen für den lokalen Fehler noch effizienter berechnen:

Eingebettete Runge-Kutta-Verfahren

Wir konstruieren die Schätzung des lokalen Fehlers nach dem gleichen Prinzip. Zunächst wird u_{j+1} mit einem Runge-Kutta-Verfahren der Ordnung p berechnet und anschließend eine weitere Näherung v_{j+1} mit einem zweiten Runge-Kutta-Verfahren der höheren Ordnung $q > p$. Dann gilt natürlich:

$$\hat{u}(t_{j+1}) - u_{j+1} = \bigl(\hat{u}(t_{j+1}) - v_{j+1}\bigr) + \bigl(v_{j+1} - u_{j+1}\bigr) = v_{j+1} - u_{j+1} + \mathcal{O}(\tau_j^{q+1}).$$

Das zeigt, dass der führende Fehlerterm von $v_{j+1} - u_{j+1}$ mit dem führenden Fehlerterm von d_{j+1} übereinstimmt. Das legt die Schätzung

$$\delta_{j+1} = \| v_{j+1} - u_{j+1} \|$$

nahe. Um Aufwand zu sparen, wählt man in beiden Runge-Kutta-Verfahren die gleichen Koeffizienten c_i und a_{ik} und lässt nur unterschiedliche Koeffizienten b_i zur

---

[12]Lewis Fry Richardson (1881–1953), englischer Mathematiker und Naturwissenschaftler

Berechnung von u_{j+1} bzw. $\hat{b}_i$ zur Berechnung von v_{j+1} zu. In diesem Fall spricht man von einem eingebetteten Runge-Kutta-Verfahren und verwendet zur Bezeichnung der Koeffizienten ein Tableau der Form:

$$
\begin{array}{c|ccccc}
0 & & & & & \\
c_2 & a_{21} & & & & \\
c_3 & a_{31} & a_{32} & & & \\
\vdots & \vdots & \vdots & \ddots & & \\
c_s & a_{s1} & a_{s2} & \cdots & a_{s,s-1} & \\
\hline
 & b_1 & b_2 & \cdots & b_{s-1} & b_s \\
\hline
 & \hat{b}_1 & \hat{b}_2 & \cdots & \hat{b}_{s-1} & \hat{b}_s
\end{array}
$$

Der zusätzliche Aufwand zur Schätzung von d_{j+1} ist dann sehr klein.

Natürlich wird man in der Praxis auch bei einem eingebetteten Runge-Kutta-Verfahren den Prozess mit der genaueren Näherung v_{j+1} anstelle von u_{j+1} fortsetzen.

Ein einfaches Beispiel eines 2-stufigen eingebetteten Runge-Kutta-Verfahrens ist RKF2(3), gegeben durch das Tableau

Beispiel

$$
\begin{array}{c|ccc}
0 & & & \\
1 & 1 & & \\
1/2 & 1/4 & 1/4 & \\
\hline
 & 1/2 & 1/2 & 0 \\
\hline
 & 1/6 & 1/6 & 4/6
\end{array}
$$

Die Abkürzung RKF steht für Runge-Kutta-Fehlberg[13]. Die Ordnung bei Verwendung der Gewichte der vorletzten Zeile ist 2, die Ordnung bei Verwendung der Gewichte der letzten Zeile ist 3.

Verwendet man die Schrittweitenstrategie von Seite 64 mit der euklidischen Norm, einem Sicherheitsfaktor $\rho = 0.9$, einer Startschrittweite $\tau_0 = T/112\,500$ und RKF2(3) zur Schätzung des lokalen Fehlers, so erhält man für das Satellitenbahnproblem von Seite 53 mit $\varepsilon = 10^{-8}$ eine Bahnkurve mit einem Abstand von Anfangs- und Endpunkt von 0.3 km in circa 10 000 Zeitschritten.

In Abbildung 4.4.9 sind in vertikaler Richtung die durch die Schrittweitensteuerung automatisch berechneten Schrittweiten τ_j in Abhängigkeit des jeweiligen Gitterpunktes $t_j \in [0, T]$ dargestellt. Man erkennt, dass nur in der Nähe des Anfangszeitpunktes $t = 0$ und des Endzeitpunktes $t = T \approx 17.065$ kleine Schrittweiten erforderlich sind, um eine entsprechend genaue Bahnkurve zu erhalten. Nur dort verläuft die Bahnkurve in der Nähe des Punktes $(1 - \mu, 0)$. Die rechte Seite $f(t, u)$ besitzt in diesem Punkt eine Singularität. Das hat eine sehr große lokale Lipschitz-Konstante zur Folge. Entsprechend groß ist dann die lokale Stabilitätskonstante. Dieser Umstand muss durch besonders kleine lokale Fehler kompensiert werden, also durch besonders kleine Zeitschrittweiten.

---

[13] Erwin Fehlberg (1911–1990), deutscher Mathematiker

Die Schrittweiten in der Nähe von 0 und T sind von der Größenordnung 10^{-5}, während im restlichen Zeitintervall wesentlich größere Schrittweiten zwischen 0.001 und 0.004 ausreichen.

Mit dem klassischen Runge-Kutta-Verfahren der Ordnung 4 mit $112\,500$ äquidistanten Zeitschritten ($\tau = \tau_0$) erreichen wir ein Ergebnis mit vergleichbarer Genauigkeit. Allerdings ist dabei die Anzahl der Funktionsauswertungen um einen Faktor von etwa 15 größer. Das zeigt die große Bedeutung einer klugen Schrittweitensteuerung.

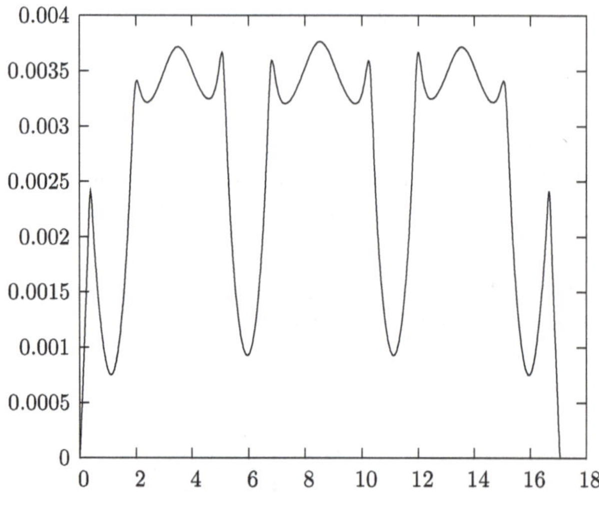

Abb. 4.4.9. Variable Schrittweiten

Ergänzende Hinweise

Vieles, was hier zu kurz gekommen ist, findet man in den Standardwerken zur Numerischen Mathematik, wie z.B. in [3], [11], [2], [1]. Unbedingt genannt werden muss auch das Buch [5], das sich ausschließlich und sehr umfassend mit der (numerischen) Lösung von (nicht-steifen) Differentialgleichungen befasst.

Übungsaufgaben

14. Bestimmen Sie die maximal erreichbare Ordnung einer 3-stufigen Quadraturformel mit den Koeffizienten $c_1 = 0$, $c_2 = 1/2$, $c_3 = 1$ und frei wählbaren Koeffizienten b_1, b_2 und b_3. Welche Gewichte b_i erhält man für die 3-stufigen Quadraturformeln mit maximaler Ordnung?

15. Zeigen Sie für die Gaußschen Quadraturformeln: Alle Gewichte b_i sind positiv.

    Hinweis: Wenden Sie die s-stufige Quadraturformel auf das Polynom $q_i(\sigma) = \prod_{\substack{k=1 \\ k \neq i}}^{s} (\sigma - c_k)^2$ vom Grad $2s - 2$ an und vergleichen Sie mit dem exakten Wert des Integrals.

16. Zeigen Sie, dass es keine s-stufige Quadraturformel mit Ordnung $p > 2s$ gibt.

    Hinweis: Führen Sie die Behauptung $p > 2s$ mit Hilfe des Polynoms $q(\sigma) = \prod_{k=1}^{s} (\sigma - c_k)^2$ vom Grad $2s$ zum Widerspruch.

17. Für den Fehler $R(g)$, gegeben durch

$$R(g) = Q(g) - \int_0^1 g(\sigma)\, d\sigma,$$

haben wir eine Abschätzung der Form (4.5) auf Seite 37 kennen gelernt. Die obere Schranke C im Beweis ist im Allgemeinen zu pessimistisch. Genauere Schranken lassen sich herleiten, wenn man von folgender Darstellung für $R(g)$ ausgeht:

$$R(g) = \int_0^1 K(\sigma) g^{(p)}(\sigma)\, d\sigma$$

mit einer geeigneten Funktion $K\colon \mathbb{R} \longrightarrow \mathbb{R}$, die Peano[14]-Kern der Quadraturformel heißt. Eine derartige Darstellung gibt es für alle Quadraturformeln der Form (4.4). Offensichtlich gilt dann die Fehlerabschätzung (4.5) mit

$$C = \sup_{\sigma \in [0,1]} |K(\sigma)|.$$

Finden Sie den Peano-Kern für die linksseitige Rechtecksregel, die rechtsseitige Rechtecksregel und die Trapezregel und zeigen Sie damit die folgenden Abschätzungen für alle $g \in C^1([0,1], \mathbb{R}^n)$:

$$\left\| \int_0^1 g(\sigma)\, d\sigma - g(0) \right\| \leq \int_0^1 \|g'(\sigma)\|\, d\sigma,$$

$$\left\| \int_0^1 g(\sigma)\, d\sigma - g(1) \right\| \leq \int_0^1 \|g'(\sigma)\|\, d\sigma$$

und

$$\left\| \int_0^1 g(\sigma)\, d\sigma - [(1-\theta) g(0) + \theta g(1)] \right\| \leq \max(\theta, 1-\theta) \int_0^1 \|g'(\sigma)\|\, d\sigma$$

für alle $\theta \in [0,1]$. Zeigen Sie für alle $g \in C^2([0,1], \mathbb{R}^n)$:

$$\left\| \int_0^1 g(\sigma)\, d\sigma - \frac{1}{2}[g(0) + g(1)] \right\| \leq \frac{1}{8} \int_0^1 \|g''(\sigma)\|\, d\sigma.$$

Hinweis zum Peano-Kern: Verwenden Sie die Darstellung von $R(g)$ aus dem Beweis des Satzes auf Seite 37 und vertauschen Sie die Reihenfolge der Integrale bezüglich σ und γ.

18. Zeigen Sie: Falls die Funktion f die Lipschitz-Bedingung (4.14) erfüllt, gilt für das explizite Euler-Verfahren:

$$\|\tilde{u}_j - u_j\| \leq e^{t_j L} \|y_0\| + \frac{1}{L}\left(e^{t_j L} - 1\right) \max_{k=1,\dots,j} \|y_k\|$$

für alle $\tilde{u}_\tau \in X_\tau$, die durch (4.12) und (4.13) mit $y_\tau \in X_\tau$ gegeben sind.

Hinweis: Zeigen und verwenden Sie

$$e^{(t_j - t_k)L} \tau_{k-1} \leq \int_{t_{k-1}}^{t_k} e^{(t_j - t)L}\, dt.$$

---

[14]Giuseppe Peano (1858–1932), italienischer Mathematiker

19. Die Definitionen für Konsistenz, Stabilität und Konvergenz hängen von den gewählten Normen ab. Man könnte in den Definitionen der Stabilität und der Konsistenz anstelle der Norm $\|v_\tau\|_{Y_\tau}$ für eine Gitterfunktion v_τ auch die Norm $\|v_\tau\|_{X_\tau}$ verwenden.

    Zeigen Sie unter den Voraussetzungen der Übungsaufgabe 18 für das explizite Euler-Verfahren eine Abschätzung der Form:

    $$\|e_\tau\|_{X_\tau} \le C \, \|\psi_\tau(u)\|_{X_\tau}.$$

    Zeigen Sie für $u \in C^2([0, T], \mathbb{R}^n)$ eine Abschätzung der Form:

    $$\|\psi_\tau(u)\|_{X_\tau} \le K \, \tau$$

    und folgern Sie daraus entsprechende Abschätzungen des globalen Fehlers.

20. Betrachten Sie den allgemeinen Fall eines 2-stufigen expliziten Runge-Kutta-Verfahrens

    $$\begin{aligned}
    g_1 &= u_j, \\
    g_2 &= u_j + \tau_j \, a_{21} \, f(t_j, g_1), \\
    u_{j+1} &= u_j + \tau_j \left[b_1 f(t_j, g_1) + b_2 f(t_j + c_2 \, \tau_j, g_2) \right]
    \end{aligned}$$

    mit einer hinreichend oft differenzierbaren Funktion $f : [0, T] \times \mathbb{R} \longrightarrow \mathbb{R}$. Stellen Sie durch eine Taylor-Entwicklung den lokalen Fehlers $d(t, \tau)$ in der Form

    $$d(t, \tau) = \tau A_1 + \tau^2 A_2 + \tau^3 A_3 + \mathcal{O}(\tau^4)$$

    dar, wobei die Ausdrücke A_i nur von den Koeffizienten a_{21}, b_1, b_2, c_2, von f und Ableitungen von f, aber nicht von τ abhängen.

21. Stellen Sie die notwendigen und hinreichenden Bedingungen an die Koeffizienten a_{21}, b_1, b_2, c_2 auf, sodass die Konsistenzordnung des 2-stufigen Runge-Kutta-Verfahrens aus Übungsaufgabe 20 mindestens 2 ist, dass also für alle rechten Seiten f, die hinreichend oft differenzierbar sind, gilt:

    $$A_1 = A_2 = 0.$$

    Bestimmen Sie damit alle 2-stufigen expliziten Runge-Kutta-Verfahren der Konsistenzordnung 2.

22. Gibt es ein 2-stufiges explizites Runge-Kutta-Verfahren, das für alle rechten Seiten f, die nicht von u abhängen, die Konsistenzordnung 3 besitzen? Mit anderen Worten lässt sich auch die Bedingung

    $$A_3 = 0$$

    für alle hinreichend oft differenzierbaren rechten Seiten der Form $f(t)$ erfüllen? Gibt es ein 2-stufiges explizites Runge-Kutta-Verfahren der Konsistenzordnung 3 für alle hinreichend oft differenzierbaren rechten Seiten der allgemeinen Form $f(t, u)$?

<h1>5   Steife Differentialgleichungen</h1>

■ 5.1
Dissipative Differentialgleichungen

Die erfolgreiche Konvergenzanalyse des letzten Kapitels beruhte auf der Gültigkeit einer Lipschitz-Bedingung für die rechte Seite der Differentialgleichung:

$$\|f(t, w) - f(t, v)\| \leq L \|w - v\| \quad \text{für alle } t \in [0, T], \ v, w \in \mathbb{R}^n. \tag{5.1}$$

Diese Bedingung sichert die Stabilität der bisher diskutierten Verfahren. So konnte zum Beispiel für das explizite Euler-Verfahren im Lemma auf Seite 47 gezeigt werden, dass für zwei Folgen $(v_j)_{j=0,1,\dots,m}$ und $(w_j)_{j=0,1,\dots,m}$ von Näherungen mit unterschiedlichen Startwerten v_0 und w_0 die Abschätzung

$$\|w_j - v_j\| \leq e^{t_j L} \|w_0 - v_0\| \quad \text{für alle } j = 0, 1, \dots, m$$

gilt. Für $\tau \to 0$ erhält man wegen der Konvergenz des expliziten Euler-Verfahrens leicht eine entsprechende Stabilitätsabschätzung

$$\|w(t) - v(t)\| \leq e^{tL} \|w(0) - v(0)\| \quad \text{für alle } t \in [0, T]$$

für zwei Lösungen $w(t)$ und $v(t)$ der Differentialgleichung

$$u'(t) = f(t, u(t)) \quad \text{für alle } t \in (0, T)$$

mit Startwerten $v(0)$ und $w(0)$.

Wir wenden nun unsere bisherigen Erkenntnisse auf das Anfangswertproblem (3.3) von Seite 21 an, das durch Semi-Diskretisierung eines parabolischen Anfangsrandwertproblems entstand. Wie wir bereits auf Seite 22 feststellten, erfüllt die rechte Seite

$$\underline{f}_h(t, \underline{u}_h) = M_h^{-1} \left[\underline{f}_h(t) - K_h \underline{u}_h \right]$$

eine Lipschitz-Bedingung bezüglich jeder Norm, also auch bezüglich der M_h-Norm:

$$\left\| \underline{f}_h(t, \underline{w}_h) - \underline{f}_h(t, \underline{v}_h) \right\|_{M_h} \leq L \left\| \underline{w}_h - \underline{v}_h \right\|_{M_h} \quad \text{mit} \quad L = \left\| M_h^{-1} K_h \right\|_{M_h},$$

wobei die M_h-Norm jene Norm ist, welche dem M_h-Skalarprodukt zugeordnet ist:

$$\left\| \underline{v}_h \right\|_{M_h} = \sqrt{\left(\underline{v}_h, \underline{v}_h \right)_{M_h}} \quad \text{mit} \quad \left(\underline{v}_h, \underline{w}_h \right)_{M_h} = (M_h \underline{v}_h, \underline{w}_h)_{\ell_2}.$$

Wir beschränken uns in der weiteren Diskussion auf das semi-diskretisierte eindimensionale Modellproblem, siehe Seite 25. In diesem Fall ist die Matrix K_h symmetrisch und positiv definit. Daher ist die Matrix $M_h^{-1} K_h$ bezüglich des M_h-Skalarproduktes selbstadjungiert und positiv definit. Nach dem Lemma auf Seite 59 aus Band 1 stimmt dann die Norm der Matrix $M_h^{-1} K_h$ mit dem größten Eigenwert dieser Matrix überein. Es folgt daher:

$$L = \| M_h^{-1} K_h \|_{M_h} = \rho(M_h^{-1} K_h),$$

wobei $\rho(A)$ den Spektralradius einer Matrix A, also den Betrag des betragsgrößten Eigenwerts von A bezeichnet.

Lemma

> Für das semi-diskretisierte eindimensionale parabolische Modellproblem erhält man für den Fall einer äquidistanten Zerlegung mit Ortsschrittweite h:
>
> $$\frac{3}{h^2} \leq \rho(M_h^{-1} K_h) \leq \frac{12}{h^2}. \tag{5.2}$$

Beweis. Es gilt, siehe Band 1, Seiten 60 - 63 mit $h_k = h$:

$$(K_h \underline{v}_h, \underline{v}_h)_{\ell_2} = \frac{1}{h} v_1^2 + \sum_{k=2}^{n_h} \frac{1}{h} \left(\hat{K} \begin{pmatrix} v_{k-1} \\ v_k \end{pmatrix}, \begin{pmatrix} v_{k-1} \\ v_k \end{pmatrix} \right)_{\ell_2}$$

und

$$(M_h \underline{v}_h, \underline{v}_h)_{\ell_2} = \frac{1}{3} h\, v_1^2 + \sum_{k=2}^{n_h} h \left(\hat{M} \begin{pmatrix} v_{k-1} \\ v_k \end{pmatrix}, \begin{pmatrix} v_{k-1} \\ v_k \end{pmatrix} \right)_{\ell_2}$$

mit

$$\hat{K} = \begin{pmatrix} 1 & -1 \\ -1 & 1 \end{pmatrix} \quad \text{und} \quad \hat{M} = \frac{1}{6} \begin{pmatrix} 2 & 1 \\ 1 & 2 \end{pmatrix}.$$

Aus dem Lemma auf Seite 60, Band 1 folgt:

$$\left(\hat{K} \begin{pmatrix} v_{k-1} \\ v_k \end{pmatrix}, \begin{pmatrix} v_{k-1} \\ v_k \end{pmatrix} \right)_{\ell_2} \leq \lambda_{\max}(\hat{M}^{-1} \hat{K}) \left(\hat{M} \begin{pmatrix} v_{k-1} \\ v_k \end{pmatrix}, \begin{pmatrix} v_{k-1} \\ v_k \end{pmatrix} \right)_{\ell_2},$$

wobei $\lambda_{\max}(A)$ den maximalen Eigenwert einer selbstadjungierten Matrix A bezeichnet. Durch einfache Rechnung erhält man: $\lambda_{\max}(\hat{M}^{-1} \hat{K}) = 12$.

Daraus folgt sofort die Abschätzung:

$$(K_h \underline{v}_h, \underline{v}_h)_{\ell_2} \leq \frac{12}{h^2} (M_h \underline{v}_h, \underline{v}_h)_{\ell_2}$$

und damit die obere Schranke

$$\rho(M_h^{-1} K_h) = \lambda_{\max}(M_h^{-1} K_h) = \sup_{0 \neq \underline{v}_h \in \mathbb{R}^{n_h}} \frac{(K_h \underline{v}_h, \underline{v}_h)_{\ell_2}}{(M_h \underline{v}_h, \underline{v}_h)_{\ell_2}} \leq \frac{12}{h^2}.$$

Für den Vektor $\underline{e}_{h,1} = (1, 0, \ldots, 0)^T \in \mathbb{R}^{n_h}$ gilt:

$$(K_h \underline{e}_{h,1}, \underline{e}_{h,1})_{\ell_2} = \frac{2}{h} \quad \text{und} \quad (M_h \underline{e}_{h,1}, \underline{e}_{h,1})_{\ell_2} = \frac{2}{3} h.$$

Daraus folgt die untere Schranke:

$$\rho(M_h^{-1} K_h) = \lambda_{\max}(M_h^{-1} K_h) \geq \frac{(K_h \underline{e}_{h,1}, \underline{e}_{h,1})_{\ell_2}}{(M_h \underline{e}_{h,1}, \underline{e}_{h,1})_{\ell_2}} = \frac{3}{h^2}. \qquad \square$$

Wir wissen also, dass die Lipschitz-Konstante für den interessanten Fall kleiner Ortsschrittweiten h sehr groß wird: L ist von der Größenordnung h^{-2}. Aussagen, die auf der daraus abgeleiteten Stabilitätskonstanten der Form $C = e^{tL}$ beruhen, sind dann völlig wertlos: Die Größe der Stabilitätskonstanten würde einen extrem kleinen lokalen Fehler erfordern, um eine akzeptable Genauigkeit der Näherungslösung garantieren zu können. Das wiederum hätte extrem kleine Zeitschrittweiten zur Folge.

Zusammenfassend stellen wir also fest, dass die bisherige Konvergenzanalyse, basierend auf der Lipschitz-Bedingung (5.1) uns die Gewissheit gibt, dass die expliziten Runge-Kutta-Verfahren für Probleme mit einer moderaten Lipschitz-Konstanten gut funktionieren. Bei sehr großen Lipschitz-Konstanten, wie sie typischerweise für semi-diskretisierte parabolische Probleme auftreten, liefert die bisherige Analyse keine vernünftigen Aussagen, ob und wie die Verfahren funktionieren.

Die Abschätzungen zeigen auch nicht, dass die Verfahren für das semi-diskretisierte parabolische Modellproblem versagen. Die Abschätzungen sind nämlich viel zu pessimistisch. Sie nutzten im Wesentlichen nur die Beschränktheit der Bilinearform $a(w, v)$, nicht aber die Elliptizität aus.

Einseitige Lipschitz-Bedingungen

Wir analysieren nun das Verhalten von Lösungen einer Differentialgleichung

$$u'(t) = f(t, u(t)) \quad \text{für alle } t \in (0, T)$$

auf der Basis einer so genannten einseitigen Lipschitz-Bedingung: Angenommen, es gibt eine Konstante $\nu \geq 0$ mit

$$(f(t, w) - f(t, v), w - v) \leq \nu \, \|w - v\|^2 \quad \text{für alle } t \in [0, T], \ v, w \in \mathbb{R}^n, \qquad (5.3)$$

wobei $(\cdot, \cdot)$ ein Skalarprodukt und $\| \cdot \|$ die dazugehörige Norm in $\mathbb{R}^n$ bezeichnen.

Für zwei Lösungen $w(t)$ und $v(t)$ der Differentialgleichung gilt:

$$\big(w'(t) - v'(t), w(t) - v(t)\big) = \big(f(t, w(t)) - f(t, v(t)), w(t) - v(t)\big).$$

Daher folgt für alle $t \in [0, T]$ mit $w(t) - v(t) \neq 0$:

$$\|w(t) - v(t)\| \frac{d}{dt} \|w(t) - v(t)\| = \frac{1}{2} \frac{d}{dt} \|w(t) - v(t)\|^2$$

$$= \frac{1}{2} \frac{d}{dt} \big(w(t) - v(t), w(t) - v(t) \big) = \big(w'(t) - v'(t), w(t) - v(t) \big)$$

$$= \big(f(t, w(t)) - f(t, v(t)), w(t) - v(t) \big) \leq \nu \, \|w(t) - v(t)\|^2.$$

Analog zum Beweis auf Seite 14 erhält man daraus

$$\frac{d}{dt} \|w(t) - v(t)\| \leq \nu \, \|w(t) - v(t)\| \quad \text{für fast alle } t \in [0, T],$$

oder dazu äquivalent

$$\frac{d}{dt} \left(e^{-t\nu} \|w(t) - v(t)\| \right) \leq 0 \quad \text{für fast alle } t \in [0, T],$$

und daraus folgt durch Integration sofort die Abschätzung

$$\|w(t) - v(t)\| \leq e^{t\nu} \|w(0) - v(0)\| \quad \text{für alle } t \in [0, T].$$

Also erhalten wir aus einer einseitigen Lipschitz-Bedingung (5.3) eine ähnliche Abschätzung wie vorhin aus (5.1), allerdings mit der Konstanten ν anstelle von L.

Natürlich folgt aus einer Lipschitz-Bedingung der Form (5.1) mit einer Konstanten L sofort auch eine einseitige Lipschitz-Bedingung der Form (5.3) mit der gleichen Konstanten $\nu = L$. Aber wenn wir so vorgehen, gewinnen wir keine neuen Einsichten: Die entsprechenden Stabilitätsabschätzungen stimmen überein.

Es gibt allerdings sehr wichtige Klassen von Problemstellungen, bei denen L in (5.1) sehr groß ist, während ν in (5.3) deutlich kleiner ist. Solche Differentialgleichungen werden häufig steife Differentialgleichungen genannt.

Wir beschränken uns im Weiteren auf den Fall $\nu = 0$ und führen dafür einen eigenen Begriff ein, siehe z.B. [1]:

Definition   Eine Differentialgleichung

$$u'(t) = f(t, u(t)) \quad \text{für alle } t \in (0, T)$$

mit einer rechten Seite, welche die Bedingung

$$(f(t, w) - f(t, v), w - v) \leq 0 \quad \text{für alle } t \in [0, T], \; v, w \in \mathbb{R}^n$$

erfüllt, heißt *dissipativ*.

Für Lösungen dissipativer Differentialgleichungen folgt nach den Überlegungen von oben mit $\nu = 0$ sofort:

$$\|w(t) - v(t)\| \leq \|w(0) - v(0)\| \quad \text{für alle } t \in [0, T]. \tag{5.4}$$

Lösungen driften also nicht auseinander.

Für die rechte Seite

$$\underline{f}_h(t, \underline{u}_h) = M_h^{-1} \left[\underline{f}_h(t) - K_h \underline{u}_h \right]$$

des Anfangswertproblems (3.3) von Seite 21 folgt unter den getroffenen Voraussetzungen:

$$\left(\underline{f}_h(t, \underline{w}_h) - \underline{f}_h(t, \underline{v}_h), \underline{w}_h - \underline{v}_h \right)_{M_h}$$
$$= - \left(K_h \left(\underline{w}_h - \underline{v}_h \right), \underline{w}_h - \underline{v}_h \right)_{\ell_2} = -a(w_h - v_h, w_h - v_h) \leq 0.$$

Also ist (5.3) mit $\nu = 0$ erfüllt: Die Differentialgleichung ist dissipativ. Nicht nur für das semi-diskretisierte eindimensionale Modellproblem (siehe das Lemma auf Seite 72) sondern auch allgemein müssen wir mit einer Lipschitz-Konstanten L in (5.1) rechnen, die im interessanten Fall feiner Gitter sehr groß wird: Die Differentialgleichung ist in diesem Fall steif.

■ 5.2
Kontraktivität und A-Stabilität

Die Stabilitätsabschätzung (5.4) für Lösungen dissipativer Systeme legt es nahe, ein analoges Verhalten für die Näherungslösung zu fordern: Näherungen sollten ebenfalls nicht auseinander driften. Das führt auf folgenden Begriff, siehe z.B. [6]:

Ein Einschrittverfahren der Form (4.16) (siehe Seite 59) heißt *kontraktiv*, falls gilt:

$$\|w_+ - v_+\| \leq \|w - v\|$$

mit

$$v_+ = v + \tau_j\, \phi(t_j, v, \tau_j) \quad \text{und} \quad w_+ = w + \tau_j\, \phi(t_j, w, \tau_j)$$

für alle $v, w \in \mathbb{R}^n$ und alle $j = 0, 1, \ldots, m - 1$.

Zur Notation: Die Größen v_+ bzw. w_+ bezeichnen jene Näherungen, die nach einem Schritt des Einschrittverfahrens mit Schrittweite τ_j erzeugt werden, wenn man an der Stelle t_j mit den Werten v bzw. w startet. Sie hängen damit auch von t_j und τ_j, also vom Index j ab. Wir verzichten hier und im Weiteren, diese Abhängigkeiten auch in der Notation zu berücksichtigen.

Kontraktivität garantiert also, dass der Abstand zwischen zwei mit dem Einschrittverfahren erzeugten Folgen $(v_\ell)_{\ell=k,k+1\ldots,m}$ und $(w_\ell)_{\ell=k,k+1,\ldots,m}$, also

$$v_{j+1} = v_j + \tau_j\, \phi(t_j, v_j, \tau_j) \quad \text{und} \quad w_{j+1} = w_j + \tau_j\, \phi(t_j, w_j, \tau_j) \quad \text{für } j \geq k$$

mit Startwerten v_k und w_k bei t_k, in jedem einzelnen Schritt nicht größer wird:

$$\|w_{j+1} - v_{j+1}\| \leq \|w_j - v_j\| \quad \text{für alle } j \geq k.$$

Daraus folgt natürlich:

$$\|w_j - v_j\| \leq \|w_k - v_k\| \quad \text{für alle } j \geq k.$$

Also gilt eine ähnliche Abschätzung wie im Lemma auf Seite 47, allerdings mit dem Faktor 1 anstelle von $e^{(t_j - t_k)L}$. Daraus folgt dann völlig analog wie im Beweis des Satzes auf Seite 49 auch eine wesentlich bessere Stabilitätsaussage:

Satz

Ein kontraktives Einschrittverfahren ist stabil mit Stabilitätskonstante $C = 1$. Es gilt also:

$$\|\tilde{u}_j - u_j\| \leq \|\psi_0(\tilde{u}_\tau)\| + \tau_0 \|\psi_1(\tilde{u}_\tau)\| + \ldots + \tau_{j-1} \|\psi_j(\tilde{u}_\tau)\|$$

für alle $\tilde{u}_\tau \in X_\tau$ und $j = 0, 1, \ldots, m$. Im Speziellen gilt für $j = m$:

$$\|\tilde{u}_\tau - u_\tau\|_{X_\tau} \leq \|\psi_\tau(\tilde{u}_\tau)\|_{Y_\tau} \quad \text{für alle } \tilde{u}_\tau \in X_\tau.$$

Analog zur Folgerung auf Seite 50 erhält man:

Folgerung

Für ein kontraktives Einschrittverfahren gilt

$$\|u(t_j) - u_j\| \leq \tau_0 \|\psi_1(u)\| + \ldots + \tau_{j-1} \|\psi_j(u)\|$$

für alle $j = 0, 1, \ldots, m$. Im Speziellen gilt für $j = m$:

$$\|e_\tau\|_{X_\tau} \leq \|\psi_\tau(u)\|_{Y_\tau}.$$

Ziel der weiteren Überlegungen ist es, herauszufinden, unter welchen Bedingungen explizite Runge-Kutta-Verfahren bei Anwendung auf dissipative Differentialgleichungen kontraktiv sind.

Lineare Differentialgleichungen mit konstanten Koeffizienten

Wir beschränken uns zunächst auf Anfangswertprobleme für lineare Systeme mit konstanten Koeffizienten, also auf Probleme der Form

$$\begin{aligned} u'(t) &= Ju(t) + f(t) \quad \text{für alle } t \in (0, T), \\ u(0) &= u_0 \end{aligned} \tag{5.5}$$

mit einer konstanten Matrix $J \in \mathbb{R}^{n \times n}$.

Das Problem (5.5) ist laut Definition genau dann dissipativ, wenn gilt:

$$\underbrace{(Jw + f(t) - Jv - f(t)}_{J(w-v)}, w - v) \leq 0 \quad \text{für alle } v, w \in \mathbb{R}^n,$$

also genau dann, wenn

$$(Jv, v) \leq 0 \quad \text{für alle } v \in \mathbb{R}^n. \tag{5.6}$$

Die Funktion $f(t)$ spielt offensichtlich keine Rolle für die Dissipativität des Problems.

Wendet man ein explizites Runge-Kutta-Verfahren auf (5.5) an, so erhält man

$$g_1 = u_j,$$
$$g_2 = u_j + \tau_j\, a_{21} \left[J\, g_1 + f(t_j) \right],$$
$$\vdots$$
$$g_s = u_j + \tau_j \left\{ a_{s1} \left[J\, g_1 + f(t_j) \right] + \cdots + a_{s,s-1} \left[J\, g_{s-1} + f(t_j + c_{s-1}\, \tau_j) \right] \right\},$$
$$u_{j+1} = u_j + \tau_j \left\{ b_1 \left[J\, g_1 + f(t_j) \right] + \cdots + b_s \left[J\, g_s + f(t_j + c_s\, \tau_j) \right] \right\}.$$

Bei der Untersuchung der Kontraktivität des Verfahrens vergleicht man Differenzen von Näherungen. Auch hier spielt der Beitrag $f(t)$ keine Rolle. Wir können uns also (ohne Beschränkung der Allgemeinheit) auf den Fall $f(t) = 0$ beschränken. In diesem Fall hängt die nächste Näherung u_{j+1} linear von u_j ab. Es gilt daher:

$$w_+ - v_+ = u_+ = u + \tau_j\, \phi(t_j, u, \tau_j) \quad \text{mit} \quad u = w - v.$$

Es ist daher ausreichend, für $f(t) = 0$ die Bedingung

$$\|u_+\| \leq \|u\| \quad \text{für alle } u \in \mathbb{R}^n \text{ und alle } j = 0, 1, \ldots, m-1 \tag{5.7}$$

zu überprüfen, um die Kontraktivität nachzuweisen.

Für die weiteren Überlegungen nehmen wir zusätzlich an, dass J diagonalisierbar ist. Das heißt, zu jedem der n Eigenwerte $\lambda_i \in \mathbb{C}$, $i = 1, 2, \ldots, n$ von J gibt es einen Eigenvektor $e_i \in \mathbb{C}^n$, $i = 1, 2, \ldots, n$, also

$$J e_i = \lambda_i\, e_i,$$

und die Menge dieser n Eigenvektoren ist linear unabhängig, bildet also eine Basis von $\mathbb{C}^n$.

Dann gilt natürlich
$$J X = X D$$

für die Matrizen

$$X = (e_1, e_2, \ldots, e_n) \in \mathbb{C}^{n \times n} \quad \text{und} \quad D = \text{diag}(\lambda_1, \lambda_2, \ldots, \lambda_n) \subset \mathbb{C}^{n \times n}.$$

Dabei bezeichnet $\text{diag}(\lambda_1, \lambda_2, \ldots, \lambda_n)$ die Diagonalmatrix mit den Diagonalelementen $\lambda_1, \lambda_2, \ldots, \lambda_n$.

Da die Eigenvektoren eine Basis von $\mathbb{C}^n$ bilden, lässt sich jeder Vektor $w \in \mathbb{C}^n$ folgendermaßen schreiben:

$$w = \hat{w}_1\, e_1 + \hat{w}_2\, e_2 + \ldots + \hat{w}_n\, e_n$$

mit Koeffizienten $\hat{w}_1, \hat{w}_2, \ldots, \hat{w}_n \in \mathbb{C}$, die zu einem Vektor $\hat{w} \in \mathbb{C}^n$ zusammengefasst werden. Mit diesen Bezeichnungen gilt

$$w = X \hat{w} \quad \text{und} \quad \hat{w} = X^{-1} w.$$

Dadurch wird eine Variablentransformation definiert: Jedem Vektor $w \in \mathbb{C}^n$ entspricht eindeutig ein Vektor $\hat{w} \in \mathbb{C}^n$. So wird der Lösung $u(t)$ des Anfangswertproblems (5.5) (mit $f(t) = 0$) eine Funktion $\hat{u}(t) = X^{-1}u(t)$ zugeordnet, von der man leicht zeigt, dass sie die Lösung des folgenden Anfangswertproblems ist:

$$\hat{u}'(t) = D\hat{u}(t) \quad \text{für alle } t \in (0, T),$$
$$\hat{u}(0) = \hat{u}_0 \tag{5.8}$$

mit $\hat{u}_0 = X^{-1}u_0$.

Für die transformierten Größen $\hat{g}_i = X^{-1}g_i$, $\hat{u}_k = X^{-1}u_k$ des Runge-Kutta-Verfahrens (mit $f(t) = 0$) folgt sofort:

$$\hat{g}_1 = \hat{u}_j,$$
$$\hat{g}_2 = \hat{u}_j + \tau_j \, a_{21} \, D \, \hat{g}_1,$$
$$\vdots$$
$$\hat{g}_s = \hat{u}_j + \tau_j \left[a_{s1} \, D \, \hat{g}_1 + \cdots + a_{s,s-1} \, D \, \hat{g}_{s-1} \right],$$
$$\hat{u}_{j+1} = \hat{u}_j + \tau_j \left[b_1 \, D \, \hat{g}_1 + \cdots + b_{s-1} \, D \, \hat{g}_{s-1} + b_s \, D \, \hat{g}_s \right].$$

Das transformierte Runge-Kutta-Verfahren stimmt offensichtlich mit dem (untransformierten) Runge-Kutta-Verfahren, angewendet auf das transformierte Problem (5.8), überein.

Durch diese Variablentransformation wird die Problemstellung wesentlich einfacher: Das transformierte Anfangswertproblem (5.8) besteht aus n entkoppelten Anfangswertproblemen von skalaren linearen Differentialgleichungen für die einzelnen Komponenten $\hat{u}_i(t)$ von $\hat{u}(t)$:

$$\hat{u}_i'(t) = \lambda_i \, \hat{u}_i(t) \quad \text{für alle } t \in (0, T),$$
$$\hat{u}_i(0) = \hat{u}_{0,i},$$

und auch das Runge-Kutta-Verfahren zerfällt in n entkoppelte Runge-Kutta-Verfahren für die einzelnen skalaren Differentialgleichungen:

$$\hat{g}_{i,1} = \hat{u}_{i,j},$$
$$\hat{g}_{i,2} = \hat{u}_{i,j} + \tau_j \, a_{21} \, \lambda_i \, \hat{g}_{i,1},$$
$$\vdots$$
$$\hat{g}_{i,s} = \hat{u}_{i,j} + \tau_j \left[a_{s1} \, \lambda_i \, \hat{g}_{i,1} + \cdots + a_{s,s-1} \, \lambda_i \, \hat{g}_{i,s-1} \right],$$
$$\hat{u}_{i,j+1} = \hat{u}_{i,j} + \tau_j \left[b_1 \, \lambda_i \, \hat{g}_{i,1} + \cdots + b_{s-1} \, \lambda_i \, \hat{g}_{i,s-1} + b_s \, \lambda_i \, \hat{g}_{i,s} \right].$$

Die Stabilitätsfunktion eines Runge-Kutta-Verfahrens

Jedes dieser n entkoppelten Anfangswertprobleme ist von der Form

$$u'(t) = \lambda \, u(t),$$
$$u(0) = u_0 \tag{5.9}$$

mit $\lambda \in \mathbb{C}$. Das dazugehörige Runge-Kutta-Verfahren lautet:

$$
\begin{aligned}
g_1 &= u_j, \\
g_2 &= u_j + \tau_j \, a_{21} \, \lambda \, g_1, \\
&\;\;\vdots \\
g_s &= u_j + \tau_j \left[a_{s1} \, \lambda \, g_1 + \cdots + a_{s,s-1} \, \lambda \, g_{s-1} \right], \\
u_{j+1} &= u_j + \tau_j \left[b_1 \, \lambda \, g_1 + \cdots + b_{s-1} \, \lambda \, g_{s-1} + b_s \, \lambda \, g_s \right].
\end{aligned}
\tag{5.10}
$$

Das Verfahren (5.10) lässt sich wesentlich einfacher darstellen: Fasst man die ersten s Zeilen zu einem linearen Gleichungssystem

$$
g = u_j e + \tau_j \lambda \, A g
$$

für $g = (g_1, g_2, \ldots, g_s)^T \in \mathbb{C}^s$ mit $e = (1, 1, \ldots, 1)^T \in \mathbb{C}^s$ zusammen, so folgt:

$$
g = u_j \left[I - \tau_j \lambda \, A \right]^{-1} e.
$$

(Die Matrix $I - \tau_j \lambda \, A$ ist eine linke untere Dreiecksmatrix mit Diagonalelementen 1. Sie ist daher regulär.) Durch Einsetzen in die letzte Zeile von (5.10) erhält man:

$$
\begin{aligned}
u_{j+1} &= u_j + \tau_j \lambda \, b^T g = \left(1 + \tau_j \lambda \, b^T \left[I - \tau_j \lambda \, A \right]^{-1} e \right) u_j \\
&= R(\tau_j \lambda) \, u_j \quad \text{mit} \quad R(z) = 1 + z b^T (I - zA)^{-1} e.
\end{aligned}
\tag{5.11}
$$

Ein Schritt des Verfahrens reduziert sich also auf eine Multiplikation mit dem Faktor $R(\tau_j \lambda)$.

Die komplexe Funktion $R(z) = 1 + z b^T (I - zA)^{-1} e$ einer komplexen Variablen z heißt die *Stabilitätsfunktion* des Runge-Kutta-Verfahrens.   **Definition**

Die Stabilitätsfunktionen einiger bisher diskutierten Runge-Kutta-Verfahren lassen sich leicht bestimmen: Entweder verwendet man direkt die Formel (5.11) oder man kehrt zu den Bedingungsgleichungen (5.10) zurück und eliminiert der Reihe nach die Größen $g_1, g_2, \ldots, g_s$:   **Beispiele**

1. Für das explizite Euler-Verfahren gilt

$$
u_{j+1} = u_j + \tau_j \lambda \, u_j = (1 + \tau_j \lambda) \, u_j = R(\tau_j \lambda) \, u_j \quad \text{mit} \quad R(z) = 1 + z.
$$

2. Für das verbesserte Euler-Verfahren gilt

$$
g_2 = u_j + \frac{1}{2} \tau_j \lambda \, u_j = \left(1 + \frac{1}{2} \tau_j \lambda \right) u_j
$$

und daher

$$u_{j+1} = u_j + \tau_j \lambda \, g_2 = R(\tau_j \lambda) \, u_j \quad \text{mit} \quad R(z) = 1 + z + \frac{1}{2} z^2.$$

3. Für das klassische Runge-Kutta-Verfahren der Ordnung 4 erhält man durch analoge Rechnung, siehe Übungsaufgabe 25:

$$R(z) = 1 + z + \frac{1}{2} z^2 + \frac{1}{6} z^3 + \frac{1}{24} z^4.$$

Bemerkung. Die exakte Lösung von (5.9) ist durch

$$u(t) = e^{\lambda t} \, u_0$$

gegeben. Daher erhalten wir den folgenden Zusammenhang zwischen den Werten der exakten Lösung zu den Zeitpunkten t_j und t_{j+1}:

$$u(t_{j+1}) = e^{\tau_j \lambda} \, u(t_j).$$

Vergleicht man diese Beziehung mit der Darstellung (5.11), so erkennt man, dass beim Näherungsverfahren der Faktor $R(z)$ anstelle von e^z für $z = \tau_j \lambda$ auftritt. Daher ist es einsichtig, dass die Genauigkeit (Ordnung) des Runge-Kutta-Verfahrens mit der Genauigkeit der Approximation der (komplexen) Exponentialfunktion e^z durch die Stabilitätsfunktion $R(z)$ in einer Umgebung von $z = 0$ zusammenhängt. Tatsächlich lässt sich für ein Runge-Kutta-Verfahren der Konsistenzordnung p zeigen, dass gilt:

$$e^z - R(z) = \mathcal{O}(z^{p+1}) \quad \text{für } z \to 0.$$

Der skalare Fall

Wir untersuchen nun das skalare Modellproblem (5.9) und das Verfahren (5.10) näher.

Bisher hatten wir nur Probleme betrachtet, bei denen der Bildbereich der Lösungen der reelle Vektorraum $\mathbb{R}^n$ war. Wir müssen daher die bisher eingeführten Begriffe auf den komplexen Fall erweitern. Das geschieht dadurch, dass wir für Probleme in $\mathbb{C}^n$ zunächst äquivalente reelle Probleme aufstellen und dann den entsprechenden Begriff für das äquivalente reelle Problem übernehmen. So ist die Differentialgleichung in (5.9) zu folgender reellen Differentialgleichung in $\mathbb{R}^2$ äquivalent:

$$\begin{bmatrix} u_1(t) \\ u_2(t) \end{bmatrix}' = \begin{bmatrix} \lambda_1 & -\lambda_2 \\ \lambda_2 & \lambda_1 \end{bmatrix} \begin{bmatrix} u_1(t) \\ u_2(t) \end{bmatrix}$$

mit $u_1(t) = \operatorname{Re} u(t)$, $u_2(t) = \operatorname{Im} u(t)$, $\lambda_1 = \operatorname{Re} \lambda$ und $\lambda_2 = \operatorname{Im} \lambda$. Wenn wir also von einer dissipativen Differentialgleichung in (5.9) sprechen, meinen wir, dass das äquivalente reelle System dissipativ sein soll. Wegen (5.6) bedeutet das:

$$\underbrace{\left(\begin{bmatrix} \lambda_1 & -\lambda_2 \\ \lambda_2 & \lambda_1 \end{bmatrix}\begin{bmatrix} v_1 \\ v_2 \end{bmatrix}, \begin{bmatrix} v_1 \\ v_2 \end{bmatrix}\right)_{\ell_2}}_{\lambda_1\,(v_1^2 + v_2^2)} \leq 0 \quad \text{für alle} \quad \begin{bmatrix} v_1 \\ v_2 \end{bmatrix} \in \mathbb{R}^2.$$

Also ist die Differentialgleichung in (5.9) genau dann dissipativ, wenn $\lambda_1 \leq 0$, d.h.:

$$\operatorname{Re}\lambda \leq 0,$$

oder, dazu äquivalent, wenn

$$\lambda \in \mathbb{C}^- \quad \text{mit} \quad \mathbb{C}^- = \{z \in \mathbb{C} \colon \operatorname{Re} z \leq 0\}.$$

Wir untersuchen nun, unter welchen Bedingungen das explizite Runge-Kutta-Verfahren (5.10) kontraktiv ist, wenn es auf (5.9) angewendet wird. Aus (5.11) folgt mit den Bezeichnungen aus (5.7) auf Seite 77

$$u_+ = R(\tau_j \lambda)u.$$

Daher ist wegen (5.7) und

$$|v| = \left\| \begin{bmatrix} v_1 \\ v_2 \end{bmatrix} \right\|_{\ell_2} \quad \text{mit} \quad v_1 = \operatorname{Re} v, \; v_2 = \operatorname{Im} v$$

das Verfahren genau dann kontraktiv, wenn

$$|R(\tau_j \lambda)u| = |R(\tau_j \lambda)|\,|u| \leq |u| \quad \text{für alle } u \in \mathbb{C} \text{ und alle } j = 0, 1, \ldots, m-1,$$

d.h., wenn

$$|R(\tau_j\lambda)| \leq 1 \quad \text{für alle } j = 0, 1, \ldots, m-1,$$

oder dazu äquivalent, wenn

$$\tau_j\lambda \in S \quad \text{für alle } j = 0, 1, \ldots, m-1,$$

wobei S den Stabilitätsbereich des Runge-Kutta-Verfahrens bezeichnet:

Sei $R(z)$ die Stabilitätsfunktion eines Runge-Kutta-Verfahrens. Dann nennt man die Menge **Definition**

$$S = \{z \in \mathbb{C} \colon |R(z)| \leq 1\}$$

den *Stabilitätsbereich* des Runge-Kutta-Verfahrens.

Beispiel   Wir betrachten das einfache Modellproblem

$$u'(t) = -50\, u(t) \quad \text{für alle } t \in (0, T),$$
$$u(0) = 1.$$

Die exakte Lösung ist die sehr stark abklingende Funktion

$$u(t) = e^{-50t}.$$

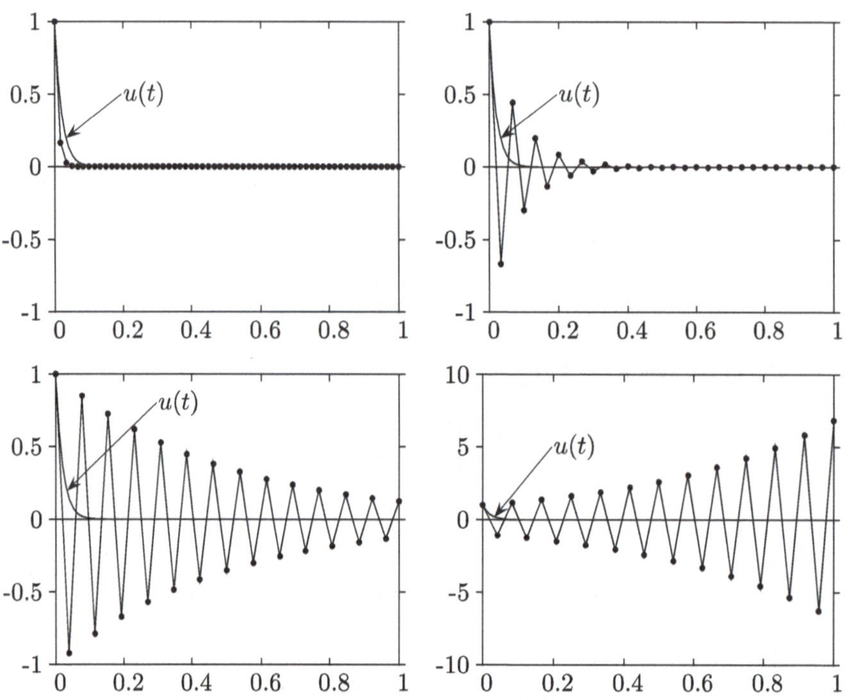

Abb. 5.2.1. Explizites Euler-Verfahren für $u'(t) = -50\, u(t)$, $u(0) = 1$

Wir diskutieren das Verhalten des expliziten Euler-Verfahrens. Für die konstante Schrittweite $\tau = 1/60$ erhalten wir (abgesehen von einem kleinen Bereich um $t = 0$) sehr gute Näherungen, siehe das linke obere Bild in Abbildung 5.2.1. Für die Schrittweiten $\tau = 1/30$ (rechtes oberes Bild in Abbildung 5.2.1) und $\tau = 1/26$ (linkes untere Bild in Abbildung 5.2.1) lässt die Genauigkeit deutlich nach, aber zumindest klingen die Näherungen mit wachsendem t so wie die exakte Lösung ab. Für die Schrittweite $\tau = 1/24$ erhalten wir qualitativ falsche Näherungen (rechtes unteres Bild in Abbildung 5.2.1, man beachte die unterschiedliche Skalierung der vertikalen Achse).

Der Unterschied in der Genauigkeit der linksseitigen Rechtecksregel, welche die Grundlage des expliziten Euler-Verfahrens bildet, für annähernd gleich große Schrittweiten $\tau = 1/26$ bzw. $\tau = 1/24$ ist klein und liefert daher keine Begründung für dieses Verhalten. Also muss es eine andere Ursache geben.

Für die Schrittweite $\tau = 1/20$ sind die Näherungen katastrophal, siehe das linke obere Bild in Abbildung 5.2.2. Das rechte obere Bild in Abbildung 5.2.2 zeigt einen vergrößerten Ausschnitt des linken Bildes in der Nähe von $t = 0$. Man könnte nun vermuten, dass die Ursache für das Versagen des expliziten Euler-Verfahrens in der starken (negativen) Steigung der exakten Lösung in der Nähe von $t = 0$ liegt. Das explizite Euler-Verfahren erzeugt bereits in der ersten Näherung eine große Abweichung, wie im rechten oberen Bild in Abbildung 5.2.2 deutlich zu sehen ist. Dann bestünde die Hoffnung, mit einer klugen Schrittweitensteuerung das Problem zu beheben: Wir wählen sehr kleine Schrittweiten in der Nähe von $t = 0$ und anschließend moderat große Schrittweiten, da sich dann die Lösung kaum noch ändert.

Das klappt nicht: Auch wenn man das Anfangswertproblem im Intervall $[0, 0.1]$ exakt löst und anschließend das explizite Euler-Verfahren an der Stelle $t_0 = 0.1$ mit dem Wert der exakten Lösung $u_0 = e^{-50t_0} = e^{-5}$ startet, erhält man katastrophale Näherungen, obwohl die Steigungen minimal sind, siehe das linke untere Bild und einen vergrößerten Ausschnitt im rechten unteren Bild der Abbildung 5.2.2 in der Nähe von $t = 0$.

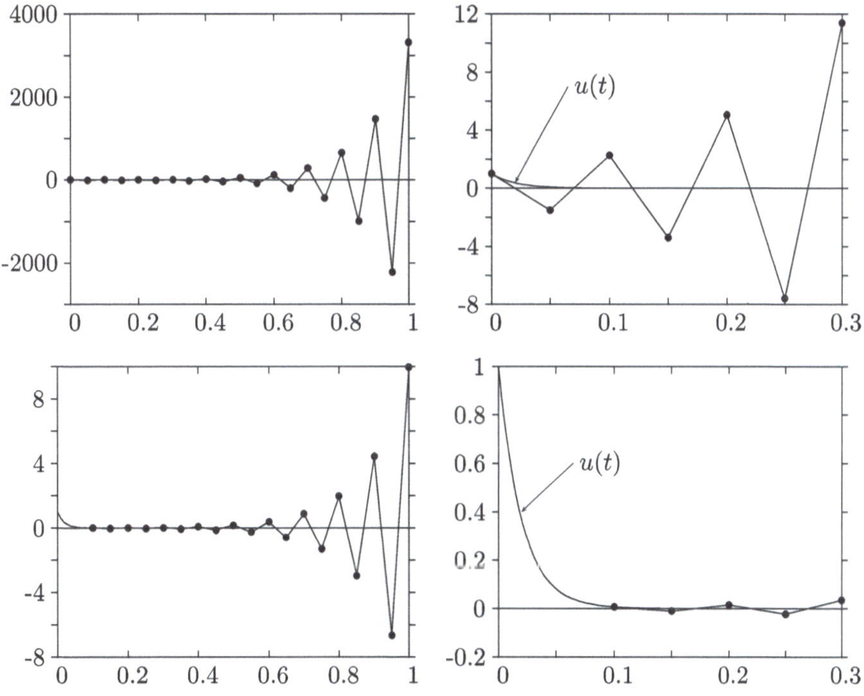

Abb. 5.2.2. Explizites Euler-Verfahren für $u'(t) = -50\,u(t), u(0.1) = e^{-5}$

Das betrachtete Beispiel ist ein Spezialfall von (5.9) auf Seite 78 und ist dissipativ: $\lambda = -50 < 0$. Die rechte Seite besitzt eine relativ große Lipschitz-Konstante $L = |\lambda| = 50$.

Das explizite Euler-Verfahren besitzt die Stabilitätsfunktion $R(z) = 1 + z$. Der Stabilitätsbereich $S = \{z \in \mathbb{C} : |z - (-1)| \leq 1\}$ ist eine Kreisscheibe mit Mittelpunkt -1 und Radius 1, siehe Abbildung 5.2.3.

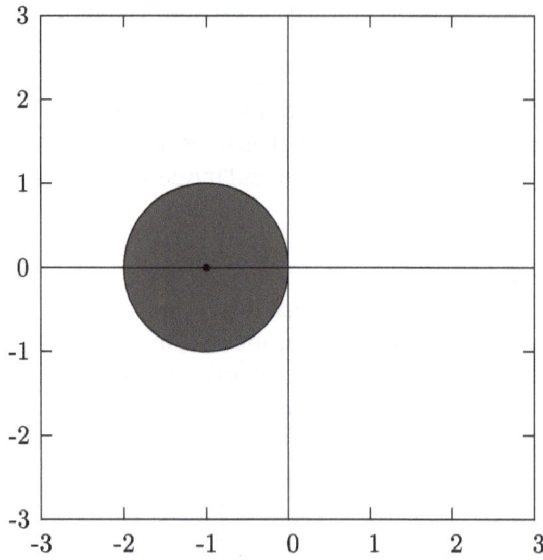

Abb. 5.2.3. Stabilitätsbereich des expliziten Euler-Verfahrens

Damit das Verfahren kontraktiv ist, muss gelten: $\tau_j \lambda \in S$. Das bedeutet hier $\tau_j \lambda \in (-2, 0)$, da λ reell und negativ ist. Also

$$\tau_j \leq \frac{2}{|\lambda|} = \frac{1}{25}.$$

Das liefert die Erklärung des beobachteten Verhaltens: Für $\tau \leq 1/25$ ist das Verfahren kontraktiv, für Schrittweiten, die auch nur geringfügig größer als $1/25$ sind, ist das Verfahren nicht kontraktiv.

Erweiterung auf den Fall normaler Matrizen

Bisher verwendeten wir nur Skalarprodukte in $\mathbb{R}^n$. Für die weitere Diskussion benötigen wir die Erweiterung dieser Skalarprodukte auf $\mathbb{C}^n$: Wir definieren für zwei Vektoren $v, w \in \mathbb{C}^n$ die Größe

$$(v, w) = (v_1, w_1) + (v_2, w_2) + i\,[(v_2, w_1) - (v_1, w_2)]$$

mit $v = v_1 + i\,v_2, w = w_1 + i\,w_2$ und $v_1, v_2, w_1, w_2 \in \mathbb{R}^n$, wobei (v_i, w_j) das Produkt der Vektoren $v_i, w_j \in \mathbb{R}^n$ bezüglich eines vorgegebenen reellen Skalarproduktes bezeichnet. Man sieht leicht, dass dadurch tatsächlich ein Skalarprodukt in $\mathbb{C}^n$ eingeführt wird. Es ist das einzige Skalarprodukt in $\mathbb{C}^n$, das für reelle Vektoren mit dem ursprünglichen Skalarprodukt in $\mathbb{R}^n$ übereinstimmt. Das rechtfertigt die Verwendung des gleichen Symbols für die Skalarprodukte und auch für die zugeordneten Normen.

Beispiel

Die Erweiterung des euklidischen Skalarproduktes

$$(v, w)_{\ell_2} = \sum_{i=1}^{n} v_i\, w_i$$

zweier reeller Vektoren $v = (v_1, \ldots, v_n)^T$, $w = (w_1, \ldots, w_n)^T \in \mathbb{R}^n$ auf $\mathbb{C}^n$ ist durch

$$(v, w)_{\ell_2} = \sum_{i=1}^{n} v_i\, \overline{w_i}$$

für Vektoren $v = (v_1, \ldots, v_n)^T$, $w = (w_1, \ldots, w_n)^T \in \mathbb{C}^n$ gegeben, wobei $\overline{z}$ die zu $z \in \mathbb{C}$ konjugiert komplexe Zahl bezeichnet.

Wir setzen nun zusätzlich voraus, dass die auf Seite 77 eingeführte Basis von Eigenvektoren der Matrix J orthonormal ist:

$$(e_i, e_k) = \delta_{ik} \quad \text{für alle } i, k \in \{1, 2, \ldots, n\},$$

wobei δ_{ik} das Kronecker-Symbol bezeichnet: $\delta_{ii} = 1$, $\delta_{ik} = 0$ für $i \neq k$.

Eine Matrix $M \in \mathbb{C}^{n \times n}$, die eine orthonormale Basis von Eigenvektoren besitzt, heißt *normal*.

Definition

Bemerkung.

1. Entscheidend ist, dass eine orthogonale Basis existiert, die Normierung auf eine orthonormale Basis ist dann immer möglich.

2. Eine wichtige Unterklasse von normalen Matrizen bilden die selbstadjungierten Matrizen.

3. In Lehrbüchern der Linearen Algebra findet man das folgende einfach zu überprüfende Kriterium: Eine Matrix $M \in \mathbb{C}^{n \times n}$ ist genau dann normal, wenn

$$M^* M = M M^*,$$

wobei $M^* \in \mathbb{C}^{n \times n}$ die zu M adjungierte Matrix bezeichnet, welche durch die Bedingung

$$(M^* x, y) = (x, My) \quad \text{für alle } x, y \in \mathbb{C}^n$$

gegeben ist.

Für die weitere Diskussion benötigen wir das folgende Lemma:

Lemma

Sei $J \in \mathbb{C}^{n \times n}$ eine normale Matrix. Dann gilt mit den Bezeichnungen auf Seite 78:

1. $(v, w) = (\hat{v}, \hat{w})_{\ell_2}$ für alle $v, w \in \mathbb{C}^n$.

2. $\|J\| = \rho(J)$.

Beweis. Die Variablentransformation von Seite 78 steht natürlich nicht nur für reelle Matrizen sondern auch für $J \in \mathbb{C}^{n \times n}$ zur Verfügung. Die erste Identität ist eine Folge der Orthonormalität der Basis:

$$(v, w) = \left(\sum_{i=1}^{n} \hat{v}_i\, e_i, \sum_{k=1}^{n} \hat{w}_k\, e_k \right) = \sum_{i,k=1}^{n} \hat{v}_i\, \overline{\hat{w}_k}\, \underbrace{(e_i, e_k)}_{=\,\delta_{ik}} = \sum_{i=1}^{n} \hat{v}_i\, \overline{\hat{w}_i}.$$

Für $z = Jv$ gilt: $\hat{z} = X^{-1} J X \hat{v} = D\hat{v}$. Damit erhält man:

$$\|J\| = \sup_{0 \neq v \in \mathbb{C}^n} \frac{\|Jv\|}{\|v\|} = \sup_{0 \neq \hat{v} \in \mathbb{C}^n} \frac{\|D\hat{v}\|_{\ell_2}}{\|\hat{v}\|_{\ell_2}} = \sup_{0 \neq \hat{v} \in \mathbb{C}^n} \frac{\sqrt{\sum_{i=1}^{n} |\lambda_i|^2\, |\hat{v}_i|^2}}{\sqrt{\sum_{i=1}^{n} |\hat{v}_i|^2}} = \max_{i=1,2,\ldots,n} |\lambda_j|.$$

$\square$

Für normale Matrizen J lässt sich die Dissipativität mit Hilfe der Eigenwerte von J ausdrücken:

Satz

Für normale Matrizen $J \in \mathbb{R}^{n \times n}$ ist (5.5), siehe Seite 76, genau dann dissipativ, wenn

$$\mathrm{Re}\, \lambda \leq 0 \quad \text{für alle } \lambda \in \sigma(J),$$

wobei $\sigma(J)$ das Spektrum, also die Menge aller Eigenwerte von J, bezeichnet.

Beweis. Für $v \in \mathbb{C}^n$ mit $v = v_1 + i\, v_2, v_1, v_2 \in \mathbb{R}^n$ gilt:

$$(Jv, v) = (Jv_1, v_1) + (Jv_2, v_2) + i\, \left[(Jv_2, v_1) - (Jv_1, v_2) \right].$$

Daraus folgt sofort, dass (5.6) auf Seite 76 genau dann erfüllt ist, wenn

$$(Jv_1, v_1) + (Jv_2, v_2) = \mathrm{Re}\,(Jv, v) \leq 0 \quad \text{für alle } v \in \mathbb{C}^n. \tag{5.12}$$

Aus dem letzten Lemmas erhält man mit $z = Jv$:

$$(Jv, v) = (z, v) = (\hat{z}, \hat{v})_{\ell_2} = (D\hat{v}, \hat{v})_{\ell_2} = \sum_{i=1}^{n} \lambda_i\, |\hat{v}_i|^2.$$

Also ist (5.12) zu folgender Bedingung äquivalent:

$$\sum_{i=1}^{n} \mathrm{Re}\, \lambda_i\, |\hat{v}_i|^2 \leq 0 \quad \text{für alle } \hat{v} \in \mathbb{C}^n,$$

d.h.:

$$\operatorname{Re} \lambda_i \le 0 \quad \text{für alle } i = 1, \dots, n.$$

$\square$

Wir untersuchen nun die Kontraktivität eines Runge-Kutta-Verfahrens bei Anwendung auf (5.5), siehe Seite 76:

> **Für normale Matrizen** $J \in \mathbb{R}^{n \times n}$ **ist ein Runge-Kutta-Verfahren mit Stabilitätsfunktion** $R(z)$ **genau dann kontraktiv, wenn**
>
> $$|R(\tau_j \lambda)| \le 1 \quad \text{für alle } \lambda \in \sigma(J) \text{ und alle } j = 0, 1, \dots, m - 1. \tag{5.13}$$

Satz

Beweis. Mit den Bezeichnungen auf Seite 77 gilt: $u_+ = (\operatorname{Re} u)_+ + i\,(\operatorname{Im} u)_+$. Wegen

$$\|v\| = \left\| \begin{bmatrix} v_1 \\ v_2 \end{bmatrix} \right\| \quad \text{für} \quad v = v_1 + i\,v_2 \quad \text{mit } v_1, v_2 \in \mathbb{R}^n$$

folgt aus (5.7) von Seite 77 sehr leicht, dass ein Verfahren genau dann kontraktiv ist, wenn

$$\|u_+\| \le \|u\| \quad \text{für alle } u \in \mathbb{C}^n \text{ und alle } j = 0, 1, \dots, m - 1.$$

Aus dem letzten Lemma erhält man die äquivalente Bedingung

$$\|\hat{u}_+\|_{\ell_2} \le \|\hat{u}\|_{\ell_2} \quad \text{für alle } \hat{u} \in \mathbb{C}^n \text{ und alle } j = 0, 1, \dots, m - 1. \tag{5.14}$$

Wegen (5.11) auf Seite 79 gilt für die Komponenten $\hat{u}_i$ von $\hat{u}$ und $\hat{u}_{i,+}$ von $\hat{u}_+$:

$$\hat{u}_{i,+} = R(\tau_j \lambda_i)\, \hat{u}_i.$$

Somit folgt:

$$\|\hat{u}_+\|_{\ell_2}^2 = \sum_{i=1}^{n} |\hat{u}_{i,+}|^2 = \sum_{i=1}^{n} |R(\tau_j \lambda_i)|^2 |\hat{u}_i|^2.$$

Aus (5.14) entsteht dann die Bedingung

$$\sum_{i=1}^{n} |R(\tau_j \lambda_i)|^2 |\hat{u}_i|^2 \le \sum_{i=1}^{n} |\hat{u}_i|^2 \quad \text{für alle } \hat{u} \in \mathbb{C}^n \text{ und alle } j = 0, 1, \dots, m - 1,$$

d.h.:

$$|R(\tau_j \lambda_i)| \le 1 \quad \text{für alle } i = 1, 2, \dots, n \text{ und alle } j = 0, 1, \dots, m - 1.$$

$\square$

Die Bedingung (5.13) lässt sich auch folgendermaßen schreiben:

$$\tau_j \lambda \in S \quad \text{für alle } \lambda \in \sigma(J) \text{ und alle } j = 0, 1, \dots, m - 1.$$

Sie ist als eine Bedingung an die Schrittweiten τ_j zu sehen und führt unter Umständen zu starken Einschränkungen an die zulässigen Schrittweiten.

Beispiel Wir betrachten das explizite Euler-Verfahren für das semi-diskretisierte eindimensionale parabolische Modellproblem (siehe Seite 25): Das System von Differentialgleichungen

$$\underline{u}_h'(t) = M_h^{-1} \left[\underline{f}_h(t) - K_h \underline{u}_h \right] \quad \text{für alle } t \in (0, T)$$

ist offensichtlich ein lineares System mit der konstanten Koeffizientenmatrix

$$J_h = -M_h^{-1} K_h.$$

Wir haben bereits festgestellt, dass das System dissipativ ist, siehe Seite 75.

Nun untersuchen wir, unter welchen Bedingungen das explizite Euler-Verfahren kontraktiv ist. Die Matrix $M_h^{-1} K_h$ ist bezüglich des M_h-Skalarproduktes selbstadjungiert und positiv definit. Daher ist $J_h = -M_h^{-1} K_h$ selbstadjungiert, also normal, und negativ definit. Die Eigenwerte λ von J_h sind mit den Eigenwerten μ von $M_h^{-1} K_h$ durch die Beziehung

$$\lambda = -\mu$$

verknüpft. Nach Bedingung (5.13) muss also gelten:

$$|R(\tau_j \lambda)| = |1 + \tau_j \lambda| \le 1 \quad \text{für alle } \lambda \in \sigma(J_h).$$

Analog zur Diskussion auf Seite 84, führt diese Bedingung auf folgende Einschränkung an die Schrittweiten τ_j:

$$\tau_j \le \frac{2}{|\lambda|} \quad \text{für alle } \lambda \in \sigma(J_h).$$

Die stärkste Einschränkung an die Schrittweite liefert der betragsgrößte Eigenwert von $J_h = -M_h^{-1} K_h$, also:

$$\tau_j \le \frac{2}{\rho(J_h)} = \frac{2}{\rho(M_h^{-1} K_h)}. \tag{5.15}$$

Zusammenfassend gilt also: Das explizite Euler-Verfahren ist kontraktiv, falls für alle gewählten Schrittweiten die Stabilitätsbedingung (5.15) erfüllt ist.

Die obere Schranke in (5.2) auf Seite 72 liefert folgende hinreichende Bedingung für (5.15)

$$\tau_j \le \frac{2}{12/h^2} = \frac{1}{6} h^2.$$

Die untere Schranke in (5.2) liefert die notwendige Bedingung

$$\tau_j \le \frac{2}{3/h^2} = \frac{2}{3} h^2.$$

Wir müssen daher die Zeitschrittweite τ_j in der Größenordnung von h^2 wählen, kurz

$$\tau_j = \mathcal{O}(h^2) \quad \text{für } h \to 0,$$

damit das explizite Euler-Verfahren kontraktiv ist. Um den Diskretisierungsfehler bezüglich der Ortsdiskretisierung klein zu halten, ist es nahe liegend, eine kleine Ortsschrittweite h zu wählen. Die obige Analyse zeigt, dass dann die Zeitschrittweiten aus Stabilitätsgründen sehr klein gewählt werden müssen.

Es wäre wünschenswert, wenn ein Runge-Kutta-Verfahren für alle dissipativen Modellprobleme (5.9) (siehe Seite 78) und alle Schrittweiten kontraktiv wäre, d.h. wenn:

$$|R(\tau_j \lambda)| \leq 1 \quad \text{für alle } \tau_j > 0 \text{ und alle } \lambda \in \mathbb{C}^-,$$

also: $|R(z)| \leq 1$ für alle $z \in \mathbb{C}^-$.

Definition

Ein Runge-Kutta-Verfahren heißt genau dann *A-stabil*, wenn

$$|R(z)| \leq 1 \quad \text{für alle } z \in \mathbb{C}^-,$$

oder dazu äquivalent, wenn

$$\mathbb{C}^- \subset S.$$

Man sieht leicht, dass die Stabilitätsfunktion eines s-stufigen expliziten Runge-Kutta-Verfahrens ein nicht-konstantes Polynom vom Grad $\leq s$ ist. Da jedes nicht-konstante Polynom für $z \to -\infty$ unbeschränkt ist, gibt es kein A-stabiles s-stufiges explizites Runge-Kutta-Verfahren. Wir brauchen also eine geeignete erweiterte Klasse von Runge-Kutta-Verfahren, um möglicherweise A-stabile Verfahren zu finden. Das geschieht im nächsten Abschnitt.

■ 5.3
Implizite Runge-Kutta-Verfahren

Das explizite Euler-Verfahren wurde durch Verwendung der linksseitigen Rechtecksregel zur Approximation des Integrals in der Beziehung

$$u(t + \tau) = u(t) + \int_t^{t+\tau} f(\sigma, u(\sigma))\, d\sigma \tag{5.16}$$

konstruiert. Verwendet man stattdessen die rechtsseitige Rechtecksregel

$$\tau f(t + \tau, u(t + \tau)),$$

so entsteht für $t = t_j$ das so genannte implizite Euler-Verfahren:

$$u_{j+1} = u_j + \tau_j f(t_j + \tau_j, u_{j+1}).$$

Im Unterschied zum expliziten Euler-Verfahren, dessen Durchführung sehr einfach ist, ist es beim impliziten Euler-Verfahren erforderlich, in jedem Zeitschritt die nächste Näherung u_{j+1} als Lösung der obigen Gleichung zu bestimmen.

Ähnlich wie bei expliziten Runge-Kutta-Verfahren interessiert man sich auch hier für Verfahren mit höherer Genauigkeit. Verwendet man zur Approximation des Integrals z.B. die Mittelpunktsregel

$$\tau f\left(t + \frac{\tau}{2},\, u\left(t + \frac{\tau}{2}\right)\right)$$

und ersetzt die nicht verfügbare exakte Lösung $u(t + \tau/2)$ durch eine Näherung g_1, die mit Hilfe des impliziten Euler-Verfahrens gewonnen wird, dann entsteht für $t = t_j$ die so genannte implizite Mittelpunktsregel:

$$g_1 = u_j + \frac{\tau_j}{2} f\left(t_j + \frac{\tau_j}{2}, g_1\right),$$
$$u_{j+1} = u_j + \tau_j f\left(t_j + \frac{\tau_j}{2}, g_1\right).$$

Sie erfordert zuerst die Bestimmung von g_1 durch Lösen der ersten Gleichung. Die anschließende Berechnung der nächsten Näherung aus der zweiten Zeile ist dann einfach.

Das implizite Euler-Verfahren und die implizite Mittelpunktsregel sind Beispiele von so genannten impliziten Runge-Kutta-Verfahren. Wir führen nun die Klasse aller Runge-Kutta-Verfahren ein und definieren dann die Unterklasse der impliziten Runge-Kutta-Verfahren:

Die allgemeine Form eines s-stufigen Runge-Kutta-Verfahrens lautet:

$$g_1 = u_j + \tau_j \left[a_{11}f(t + c_1\,\tau_j, g_1) + \cdots + a_{1s}f(t + c_s\,\tau_j, g_s)\right],$$
$$g_2 = u_j + \tau_j \left[a_{21}f(t + c_1\,\tau_j, g_1) + \cdots + a_{2s}f(t + c_s\,\tau_j, g_s)\right],$$
$$\vdots$$
$$g_s = u_j + \tau_j \left[a_{s1}f(t + c_1\,\tau_j, g_1) + \cdots + a_{ss}f(t + c_s\,\tau_j, g_s)\right]$$

$$\tag{5.17}$$

und

$$u_{j+1} = u_j + \tau_j \left[b_1 f(t + c_1\,\tau_j, g_1) + \cdots + b_s f(t + c_s\,\tau_j, g_s)\right]. \tag{5.18}$$

Die Motivation für die Form dieser Verfahren ist die gleiche wie bei der Herleitung der expliziten Runge-Kutta-Verfahren, mit einer Ausnahme: Wir verzichten auf die Einschränkung, dass zur Berechnung von g_i nur Quadraturformeln verwendet werden dürfen, die mit den Werten $g_1, \ldots, g_{i-1}$ auskommen. Hier sind die ersten s Beziehungen als ein im Allgemeinen gekoppeltes System von Bedingungsgleichungen an die s Unbekannten $g_1, g_2, \ldots, g_s$ zu sehen.

Bemerkung. Führt man die Größen $k_i = f(t_j + c_i\,\tau_j, g_i)$ ein, so lässt sich ein Runge-Kutta-Verfahren auch folgendermaßen darstellen:

$$k_1 = f(t_j + c_1\,\tau_j, u_j + \tau_j\left[a_{11}\,k_1 + \cdots + a_{1s}\,k_s\right]),$$
$$k_2 = f(t_j + c_2\,\tau_j, u_j + \tau_j\left[a_{21}\,k_1 + \cdots + a_{2s}\,k_s\right]),$$
$$\vdots$$
$$k_s = f(t_j + c_s\,\tau_j, u_j + \tau_j\left[a_{s1}\,k_1 + \cdots + a_{ss}\,k_s\right])$$

$$\tag{5.19}$$

und

$$u_{j+1} = u_j + \tau_j \left[b_1 \, k_1 + \cdots + b_s \, k_s \right]. \tag{5.20}$$

Diese Form der Darstellung wird zur Durchführung des Verfahrens meist vorgezogen: Zuerst wird das Gleichungssystem (5.19) in den Unbekannten $k_1, k_2, \ldots, k_s$ gelöst. Die Berechnung von u_{j+1} mit Hilfe von (5.20) ist dann ohne weitere Auswertung von $f(t, u)$ möglich.

Ein Runge-Kutta-Verfahren ist eindeutig durch sein Koeffizienten-Tableau

$$
\begin{array}{c|cccc}
c_1 & a_{11} & a_{12} & \cdots & a_{1s} \\
c_2 & a_{21} & a_{22} &   & a_{2s} \\
\vdots & \vdots & \vdots & \ddots & \vdots \\
c_s & a_{s1} & a_{s2} & \cdots & a_{ss} \\
\hline
    & b_1   & b_2   & \cdots & b_s
\end{array}
$$

oder kurz in kompakter Form

$$
\begin{array}{c|c}
c & A \\
\hline
  & b^T
\end{array}
$$

bestimmt. Wir unterscheiden zwei Unterklassen von Runge-Kutta-Verfahren:

Ein Runge-Kutta-Verfahren heißt

1. *explizit*, falls A eine strikte linke untere Dreiecksmatrix ist (d.h. eine linke untere Dreiecksmatrix mit Diagonalelementen 0),

2. *implizit*, wenn es nicht explizit ist.

Für explizite Runge-Kutta-Verfahren wird üblicherweise noch vereinbart, dass $c_1 = 0$. Dann stimmt dieser Begriff genau mit dem früheren Begriff von expliziten Runge-Kutta-Verfahren überein.

1. Das implizite Euler-Verfahren passt mit der Setzung $g_1 = u_{j+1}$, also

$$
\begin{aligned}
g_1 &= u_j + \tau_j f(t_j + \tau_j, g_1), \\
u_{j+1} &= u_j + \tau_j f(t_j + \tau_j, g_1)
\end{aligned}
$$

in diesen Rahmen und ist das einfachste 1-stufige implizite Runge-Kutta-Verfahren mit dem Tableau:

$$
\begin{array}{c|c}
1 & 1 \\
\hline
  & 1
\end{array}.
$$

2. Die implizite Mittelpunktsregel ist ebenfalls ein 1-stufiges implizites Runge-Kutta-Verfahren mit Tableau:

$$
\begin{array}{c|c}
1/2 & 1/2 \\
\hline
    & 1
\end{array}.
$$

3. Das Integral in (5.16) lässt sich auch folgendermaßen darstellen:

$$\int_t^{t+\tau} f(\sigma, u(\sigma))\, d\sigma = (1 - \theta) \int_t^{t+\tau} f(\sigma, u(\sigma))\, d\sigma + \theta \int_t^{t+\tau} f(\sigma, u(\sigma))\, d\sigma$$

mit einem beliebigen Parameter $\theta \in [0, 1]$. Approximiert man den ersten Anteil mit der linksseitigen Rechtecksregel und den zweiten Anteil mit der rechtsseitigen Rechtecksregel, so erhält man die Quadraturformel:

$$(1 - \theta)\, \tau f(t, u(t)) + \theta\, \tau f(t + \tau, u(t + \tau)).$$

Dies führt für $t = t_j$ auf das Verfahren

$$u_{j+1} = u_j + \tau_j \left[(1 - \theta) f(t_j, u_j) + \theta f(t_j + \tau, u_{j+1}) \right].$$

Mit den Setzungen $g_1 = u_j$ und $g_2 = u_{j+1}$ erhalten wir folgende Darstellung als Runge-Kutta-Verfahren:

$$
\begin{aligned}
g_1 &= u_j, \\
g_2 &= u_j + \tau_j \left[(1 - \theta) f(t_j, g_1) + \theta f(t_j + \tau_j, g_2) \right], \\
u_{j+1} &= u_j + \tau_j \left[(1 - \theta) f(t_j, g_1) + \theta f(t_j + \tau_j, g_2) \right].
\end{aligned}
$$

Dieses Verfahren wird gelegentlich θ-Verfahren genannt und ist, außer für die Werte $\theta = 0$ und $\theta = 1$, ein 2-stufiges Runge-Kutta-Verfahren mit Tableau

$$
\begin{array}{c|cc}
0 & 0 & 0 \\
1 & 1 - \theta & \theta \\
\hline
 & 1 - \theta & \theta
\end{array}
\; .
$$

Diese Klasse enthält drei wichtige Spezialfälle: das explizite Euler-Verfahren ($\theta = 0$), das implizite Euler-Verfahren ($\theta = 1$) und die implizite Trapezregel ($\theta = 1/2$), deren Name sich von der entsprechenden Quadraturformel ableitet. Für $\theta \neq 0$ ist das θ-Verfahren implizit.

Implizite Runge-Kutta-Verfahren als Einschrittverfahren

Um die nächste Näherung u_{j+1} nach (5.18) oder (5.20) zu berechnen, müssen entweder die Größen $g_1, g_2, \ldots, g_s$ als Lösungen des Gleichungssystems (5.17) oder die Größen $k_1, k_2, \ldots, k_s$ als Lösungen des Gleichungssystems (5.19) berechnet werden. Wir beschränken uns auf die erste Variante, die Diskussion der zweiten Variante verläuft völlig analog.

Das Gleichungssystem (5.17) ist von der Form

$$g = G(g, t_j, u_j, \tau_j) \tag{5.21}$$

mit $g = (g_1, g_2, \ldots, g_s)^T$. Daher ist zu klären, ob dieses Gleichungssystem bezüglich g eindeutig lösbar ist. Erst dann wissen wir, dass das Verfahren wohldefiniert ist.

Falls $f(t, u)$ stetig ist und eine Lipschitz-Bedingung bezüglich u erfüllt, lässt sich der Banachsche Fixpunktsatz, siehe Band 1, Seite 23, anwenden, und es folgt, dass (5.21) für hinreichend kleine Schrittweiten τ_j eine eindeutige Lösung besitzt, die natürlich von t_j, u_j und τ_j abhängt, kurz

$$g = \gamma(t_j, u_j, \tau_j).$$

Für dissipative Probleme und spezielle Runge-Kutta-Verfahren folgt Existenz und Eindeutigkeit aus der nichtlinearen Variante des Satzes von Lax-Milgram, siehe Band 1, Seite 129, sogar ohne Einschränkung an die Schrittweite. Siehe auch die Übungsaufgaben 23 und 24 für den Spezialfall des impliziten Euler-Verfahrens.

Aus (5.18) erhalten wir ein Runge-Kutta-Verfahren als Einschrittverfahren

$$u_{j+1} = u_j + \tau_j \, \phi(t_j, u_j, \tau_j)$$

mit der Inkrementfunktion

$$\phi(t, u, \tau) = b_1 f\big(t + c_1 \tau, \gamma_1(t, u, \tau)\big) + \ldots + b_s f\big(t + c_s \tau, \gamma_s(t, u, \tau)\big).$$

Die Durchführung von impliziten Runge-Kutta-Verfahren erfordert in jedem Zeitschritt die Lösung eines Gleichungssystems.

Ist die rechte Seite $f(t, u)$ der Differentialgleichung affin linear in u, so ist ein lineares Gleichungssystem zu lösen, siehe Band 1 für entsprechende Verfahren.

Als mögliche Verfahren zur Lösung des Gleichungssystems (5.21), das in Fixpunktform vorliegt, bietet sich im nichtlinearen Fall die entsprechende Fixpunktiteration an. Als eine Folgerung aus dem Banachschen Fixpunktsatz ist die Konvergenz eines solchen Iterationsverfahrens mit dem Startvektor $(u_j, u_j, \ldots, u_j)^T$ für g und hinreichend kleinen Schrittweiten τ_j gesichert. Bessere Startwerte können mit Hilfe geeigneter expliziter Runge-Kutta-Verfahren bestimmt werden.

Häufig, jedenfalls aber für steife Differentialgleichungen, ist im nichtlinearen Fall ein Newton-Verfahren besser geeignet, um g als Lösung von (5.21) zu berechnen. Typischerweise genügt es, die entsprechende Jacobi[1]-Matrix nur einmal im Startwert $(u_j, u_j, \ldots, u_j)^T$ zu berechnen, also ein vereinfachtes Newton-Verfahren zu verwenden, siehe Band 1, Seite 146.

Konsistenzordnung impliziter Runge-Kutta-Verfahren

Wir haben bereits festgestellt, dass auch implizite Runge-Kutta-Verfahren als Einschrittverfahren darstellbar sind. Daher stehen die Begriffe lokaler Fehler und Konsistenzfehler in gleicher Weise zur Verfügung wie im expliziten Fall.

Auch die Bestimmung der Konsistenzordnung wird grundsätzlich analog zum expliziten Fall zum Beispiel mit Hilfe von Taylor-Entwicklungen durchgeführt. Der wesentliche Unterschied ist, dass die Funktion $\phi(t, u, \tau)$ nicht in expliziter Form sondern nur implizit über entsprechende definierende Gleichungen verfügbar ist.

---

[1] Carl Gustav Jacob Jacobi (1804–1851), deutscher Mathematiker

Beispiele

1. Das implizite Euler-Verfahren lässt sich in der Form

$$u_{j+1} = u_j + \tau_j\,\phi(t_j, u_j, \tau_j) \quad \text{mit} \quad \phi(t, u, \tau) = f(t + \tau, \gamma(t, u, \tau))$$

darstellen, wobei $\gamma(t, u, \tau)$ Lösung der Gleichung

$$g_1 = u + \tau f(t + \tau, g_1)$$

ist, also:

$$\gamma(t, u, \tau) = u + \tau f(t + \tau, \gamma(t, u, \tau)). \tag{5.22}$$

Für die Taylor-Entwicklung des lokalen Fehlers erhalten wir:

$$\begin{aligned}
d(t, \tau) &= u(t + \tau) - \big(u(t) + \tau\,\phi(t, u(t), \tau)\big) \\
&= u(t) + \tau\,u'(t) + \frac{\tau^2}{2}\,u''(t) + \mathcal{O}(\tau^3) \\
&\quad - u(t) - \tau\left(\phi(t, u(t), 0) + \tau\,\phi_\tau(t, u(t), 0) + \mathcal{O}(\tau^2)\right).
\end{aligned}$$

Wir benötigen also die Größen $\phi(t, u(t), 0)$ und $\phi_\tau(t, u(t), 0)$. Aus der Definition von ϕ folgt

$$\phi(t, u(t), 0) = f(t, \gamma(t, u(t), 0))$$

und durch Ableitung bezüglich τ:

$$\phi_\tau(t, u(t), 0) = f_t(t, \gamma(t, u(t), 0)) + f_u(t, \gamma(t, u(t), 0))\,\gamma_\tau(t, u(t), 0),$$

die ihrerseits die Größen $\gamma(t, u(t), 0)$ und $\gamma_\tau(t, u(t), 0)$ benötigen.

Die Größe $\gamma(t, u, 0)$ lässt sich leicht aus der definierenden Gleichung (5.22) für $\tau = 0$ ermitteln:

$$\gamma(t, u, 0) = u.$$

Die Größe $\gamma_\tau(t, u, 0)$ erhält man durch Differentiation von (5.22) bezüglich τ:

$$\begin{aligned}
\gamma_\tau(t, u, \tau) &= f(t + \tau, \gamma(t, u, \tau)) \\
&\quad + \tau\left[f_t(t + \tau, \gamma(t, u, \tau)) + f_u(t + \tau, \gamma(t, u, \tau))\gamma_\tau(t, u, \tau)\right].
\end{aligned}$$

Für $\tau = 0$ folgt daraus:

$$\gamma_\tau(t, u, 0) = f(t, \gamma(t, u, 0)) = f(t, u).$$

Damit erhalten wir

$$\begin{aligned}
\phi(t, u(t), 0) &= f(t, \gamma(t, u(t), 0)) = f(t, u(t)) = u'(t), \\
\phi_\tau(t, u(t), 0) &= f_t(t, \gamma(t, u(t), 0)) + f_u(t, \gamma(t, u(t), 0))\,\gamma_\tau(t, u(t), 0) \\
&= f_t(t, u(t)) + f_u(t, u(t))f(t, u(t)) = u''(t)
\end{aligned}$$

und können die Untersuchung des lokalen Fehlers fortsetzen:

$$d(t, \tau) = u(t) + \tau\, u'(t) + \frac{\tau^2}{2}\, u''(t) + \mathcal{O}(\tau^3)$$

$$- u(t) - \tau\left(u'(t) + \tau\, u''(t) + \mathcal{O}(\tau^2)\right) = -\frac{\tau^2}{2}\, u''(t) + \mathcal{O}(\tau^3).$$

Für das implizite Euler-Verfahren bekommen wir also den führenden Fehlerterm $-\tau^2 u''(t)/2$, der bis auf das Vorzeichen mit dem führenden Fehlerterm des expliziten Euler-Verfahrens (siehe Seite 46) übereinstimmt. Für den Konsistenzfehler gilt dann wegen $\psi_{j+1}(u) = d_{j+1}/\tau_j$ mit $d_{j+1} = d(t_j, \tau_j)$

$$\psi_{j+1}(u) = -\frac{\tau_j}{2}\, u''(t_j) + \mathcal{O}(\tau_j^2).$$

Das implizite Euler-Verfahren besitzt also die Konsistenzordnung 1.

2. Die Analyse lässt sich leicht auf das θ-Verfahren erweitern und liefert

$$\psi_{j+1}(u) = \left(\frac{1}{2} - \theta\right) \tau_j\, u''(t_j) + \mathcal{O}(\tau_j^2).$$

Das θ-Verfahren besitzt also zumindest Konsistenzordnung 1, für den Fall $\theta = 1/2$ (implizite Trapezregel) sogar die Konsistenzordnung 2, siehe Übungsaufgabe 26.

3. Für die implizite Mittelpunktsregel erhält man

$$\psi_{j+1}(u) = \mathcal{O}(\tau_j^2).$$

Sie besitzt also die Konsistenzordnung 2, siehe Übungsaufgabe 27.

Diese einfachen Beispiele impliziter Runge-Kutta-Verfahren weisen bereits darauf hin, dass mit einem s-stufigen impliziten Runge-Kutta-Verfahren eine höhere Konsistenzordnung erreicht werden kann als mit einem s-stufigen expliziten Runge-Kutta-Verfahren. Es lässt sich zeigen, dass die maximal erreichbare Konsistenzordnung eines s-stufigen Runge-Kutta-Verfahrens gleich $2s$ ist. Diese Verfahren werden Gauß-Verfahren genannt. Sie basieren auf den s-stufigen Gaußschen Quadraturformeln: Die Koeffizienten b_i und c_i sind genau die Gewichte und Stützstellen der entsprechenden Gaußschen Quadraturformel, die Koeffizienten a_{ij} erhält man durch

$$a_{ik} = \int_0^{c_i} \hat{\ell}_k(\sigma)\, d\sigma.$$

Es gelingt also, die Gaußschen Quadraturformeln so zu erweitern, dass daraus Runge-Kutta-Verfahren entstehen, welche die gleiche Ordnung $p = 2s$ wie die Gaußschen Quadraturformeln besitzen. Für einen Beweis siehe z.B. [5].

Die implizite Mittelpunktsregel ist das 1-stufige Gauß-Verfahren. Sie besitzt die erwartete Konsistenzordnung 2, siehe Übungsaufgabe 27.

Das θ-Verfahren für lineare Differentialgleichungen mit konstanten Koeffizienten

Wir diskutieren nun detaillierter das θ-Verfahren für das Anfangswertproblem

$$u'(t) = Ju(t) + f(t) \quad \text{für alle } t \in (0, T),$$
$$u(0) = u_0 \tag{5.23}$$

mit einer konstanten Matrix $J \in \mathbb{R}^{n \times n}$. Das θ-Verfahren lautet:

$$u_{j+1} = u_j + \tau_j \left\{ (1 - \theta) \left[Ju_j + f(t_j) \right] + \theta \left[Ju_{j+1} + f(t_{j+1}) \right] \right\},$$

also

$$(I - \tau_j \, \theta \, J)u_{j+1} = \left[I + \tau_j \, (1 - \theta) \, J \right] u_j + \tau_j \left[(1 - \theta) f(t_j) + \theta f(t_{j+1}) \right].$$

Daraus erhält man das θ-Verfahren in Form eines Einschrittverfahrens:

$$u_{j+1} = u_j + \tau_j \, \phi(t_j, u_j, \tau_j)$$

mit

$$\phi(t, u, \tau) = (I - \tau \, \theta \, J)^{-1} \left[Ju + (1 - \theta) f(t) + \theta f(t + \tau) \right].$$

Für die Größe $\phi_j = \phi(t_j, u_j, \tau_j)$ gilt offensichtlich:

$$(I - \tau_j \, \theta \, J)\phi_j = Ju_j + (1 - \theta) f(t_j) + \theta f(t_{j+1}).$$

Außer im Fall $\theta = 0$ ist also in jedem Zeitschritt ein lineares Gleichungssystem zu lösen, um die nächste Näherung u_{j+1} zu bestimmen.

Wie jedes Einschrittverfahren lässt sich auch das θ-Verfahren in Form einer Näherungsgleichung

$$\psi_\tau(u_\tau) = 0$$

schreiben, wobei $\psi_\tau(v_\tau) \colon t_k \mapsto \psi_k(v_\tau)$ für eine Gitterfunktion $v_\tau \colon t_k \mapsto v_k$ durch

$$\psi_{j+1}(v_\tau) = \frac{1}{\tau_j} (v_{j+1} - v_j) - \phi(t_j, v_j, \tau_j)$$

$$= (I - \tau_j \, \theta \, J)^{-1} \left[\frac{1}{\tau_j} (v_{j+1} - v_j) \right. \tag{5.24}$$

$$\left. - (1 - \theta) \left(Jv_j + f(t_j) \right) - \theta \left(Jv_{j+1} + f(t_{j+1}) \right) \right]$$

und $\psi_0(v_\tau) = v_0 - u_0$ gegeben ist. Die Größe $\psi_\tau(u)$ ist dann der Konsistenzfehler des θ-Verfahrens, den wir nun genauer untersuchen:

Lemma

Sei u die Lösung von (5.23) und es gelte $u \in C^2([0, T], \mathbb{R}^n)$. Falls (5.23) dissipativ ist, gilt für den Konsistenzfehler des θ-Verfahrens:

$$\left\| \psi_{j+1}(u) \right\| \leq \int_{t_j}^{t_{j+1}} \left\| u''(t) \right\| dt \quad \text{für alle } j = 0, 1, \dots, m - 1.$$

Beweis. Der Beweis verläuft in drei Schritten:

1. Zunächst stellen wir für $\psi_{j+1}(u)$ eine Bedingung in variationeller Form auf: Aus (5.24) folgt für alle $v \in \mathbb{R}^n$:

$$
\begin{aligned}
\left([I - \tau_j\,\theta\,J]\psi_{j+1}(u),\, v\right) &= \frac{1}{\tau_j}\left(u(t_{j+1}) - u(t_j),\, v\right) \\
&\quad - \Big[(1-\theta)\,\underbrace{\left(Ju(t_j) + f(t_j),\, v\right)}_{=\,(u'(t_j),\, v)} + \theta\,\underbrace{\left(Ju(t_{j+1}) + f(t_{j+1}),\, v\right)}_{=\,(u'(t_{j+1}),\, v)}\Big] \\
&= \frac{1}{\tau_j}\int_{t_j}^{t_{j+1}} (u'(t),\, v)\, dt - \Big[(1-\theta)\,(u'(t_j),\, v) + \theta\,(u'(t_{j+1}),\, v)\Big].
\end{aligned}
$$

2. Dann schätzen wir die rechte Seite mit Hilfe des Ergebnisses von Übungsaufgabe 17 ab: Mit $g(\sigma) = \left(u'(t_j + \sigma\,\tau_j),\, v\right)$ gilt:

$$
\begin{aligned}
\left|\frac{1}{\tau_j}\int_{t_j}^{t_{j+1}} (u'(t),\, v)\, dt - \Big[(1-\theta)\,(u'(t_j),\, v) + \theta\,(u'(t_{j+1}),\, v)\Big]\right| \\
= \left|\int_0^1 g(\sigma)\, d\sigma - \Big[(1-\theta)\,g(0) + \theta\,g(1)\Big]\right| \le \int_0^1 |g'(\sigma)|\, d\sigma \\
= \int_{t_j}^{t_{j+1}} |(u''(t),\, v)|\, dt \le \int_{t_j}^{t_{j+1}} \|u''(t)\|\, dt\, \|v\|.
\end{aligned}
$$

3. Für $v = \psi_{j+1}(u)$ folgt aus den ersten beiden Schritten:

$$
\left([I - \tau_j\,\theta\,J]\psi_{j+1}(u),\, \psi_{j+1}(u)\right) \le \int_{t_j}^{t_{j+1}} \|u''(t)\|\, dt\, \|\psi_{j+1}(u)\|.
$$

Wegen der Dissipativität gilt:

$$
\begin{aligned}
\left([I - \tau_j\,\theta\,J]\psi_{j+1}(u),\, \psi_{j+1}(u)\right) \\
= \|\psi_{j+1}(u)\|^2 - \tau_j\,\theta\,\underbrace{\left(J\psi_{j+1}(u),\, \psi_{j+1}(u)\right)}_{\le\,0} \ge \|\psi_{j+1}(u)\|^2.
\end{aligned}
$$

Also

$$
\|\psi_{j+1}(u)\|^2 \le \int_{t_j}^{t_{j+1}} \|u''(t)\|\, dt\, \|\psi_{j+1}(u)\|.
$$

Nach Division durch $\|\psi_{j+1}(u)\|$ erhält man die Behauptung.

$\square$

Aus diesem Lemma folgt sofort:

Satz Sei u die Lösung von (5.23) und es gelte $u \in C^2([0, T], \mathbb{R}^n)$. Falls (5.23) dissipativ ist, gilt für den Konsistenzfehler des θ-Verfahrens:

$$\tau_0 \, \|\psi_1(u)\| + \ldots + \tau_{j-1} \, \|\psi_j(u)\| \leq \tau \int_0^{t_j} \|u''(t)\| \, dt$$

für alle $j = 0, 1, \ldots, m - 1$. Im Speziellen gilt ($j = m$):

$$\|\psi_\tau(u)\|_{Y_\tau} \leq K \, \tau \quad \text{mit} \quad K = \int_0^T \|u''(t)\| \, dt.$$

Bemerkung. Für $u \in C^3([0, T], \mathbb{R}^n)$ und $\theta = 1/2$ gilt sogar:

$$\|\psi_\tau(u)\|_{Y_\tau} \leq K \, \tau^2 \quad \text{mit} \quad K = \frac{1}{8} \int_0^T \|u'''(t)\| \, dt,$$

da die Trapezregel eine Quadraturformel der Ordnung 2 ist und daher eine bessere Abschätzung im zweiten Schritt zur Verfügung steht, siehe Übungsaufgabe 17.

Kontraktivität und A-Stabilität impliziter Runge-Kutta-Verfahren

Zunächst benötigen wir die Stabilitätsfunktion eines allgemeinen Runge-Kutta-Verfahrens. Dabei gehen wir genauso wie für explizite Runge-Kutta-Verfahren vor: Wendet man ein Runge-Kutta-Verfahren auf das Modellproblem

$$u'(t) = \lambda \, u(t) \quad \text{für alle } t \in (0, T),$$
$$u(0) = u_0$$

an, so erhält man wie im expliziten Fall

$$u_{j+1} = R(\tau_j \lambda) \, u_j \quad \text{mit} \quad R(z) = b^T (I - zA)^{-1} e.$$

Der einzige Unterschied ist, dass nun A nicht notwendigerweise eine strikte linke untere Dreiecksmatrix sein muss. Die Invertierbarkeit von $I - zA$ ist für alle $z \in \mathbb{C}$ mit Ausnahme der Inversen der Eigenwerte von A gegeben.

Es lässt sich leicht zeigen, dass die Stabilitätsfunktion eines s-stufigen Runge-Kutta-Verfahrens eine rationale Funktion ist, die sich in der Form

$$R(z) = \frac{P(z)}{Q(z)}$$

darstellen lässt, wobei $P(z)$ und $Q(z)$ Polynome von Grad $\leq s$ mit $P(0) = Q(0) = 1$ sind. Für explizite Runge-Kutta-Verfahren gilt $Q(z) = 1$, wir erhalten also in diesem Fall polynomiale Stabilitätsfunktionen.

Der Begriff der A-Stabilität steht natürlich auch unverändert für allgemeine Runge-Kutta-Verfahren zur Verfügung und erfordert den Nachweis:

$$\mathbb{C}^- \subset S$$

für den Stabilitätsbereich $S = \{z \in \mathbb{C} \colon |R(z)| \leq 1\}$.

1. Wir bestimmen die Stabilitätsfunktion des impliziten Euler-Verfahrens nicht über die etwas schwerfällige Formel von vorhin, sondern direkt aus der Anwendung auf das skalare Modellproblem $u'(t) = \lambda\, u(t)$. Für dieses Modellproblem lautet das implizite Euler-Verfahren: **Beispiele**

$$u_{j+1} = u_j + \tau_j\, \lambda\, u_{j+1}.$$

Löst man nach u_{j+1} auf, so folgt:

$$u_{j+1} = \frac{1}{1 - \tau_j \lambda}\, u_j = R(\tau_j \lambda)\, u_j \quad \text{mit} \quad R(z) = \frac{1}{1 - z}.$$

Für den Stabilitätsbereich erhält man:

$$S = \{z \in \mathbb{C} \colon \frac{1}{|z - 1|} \leq 1\} = \{z \in \mathbb{C} \colon |z - 1| \geq 1\}.$$

S ist also das Komplement der offenen Kreisscheibe mit Mittelpunkt 1 und Radius 1. Das Verfahren ist offensichtlich A-stabil, da $\mathbb{C}^- \subset S$.

2. Die Anwendung der impliziten Mittelpunktsregel auf das Modellproblem $u'(t) = \lambda\, u(t)$ ergibt

$$g_1 = u_j + \frac{\tau_j}{2}\, \lambda\, g_1,$$
$$u_{j+1} = u_j + \tau_j\, \lambda\, g_1.$$

Aus der ersten Zeile erhält man

$$g_1 = \frac{1}{1 - \frac{\tau_j \lambda}{2}}\, u_j.$$

Setzt man diesen Ausdruck für g_1 in die zweite Zeile ein, so folgt

$$u_{j+1} = \frac{1 + \frac{\tau_j \lambda}{2}}{1 - \frac{\tau_j \lambda}{2}}\, u_j = R(\tau_j \lambda)\, u_j \quad \text{mit} \quad R(z) = \frac{1 + \frac{z}{2}}{1 - \frac{z}{2}}.$$

Man sieht leicht, dass $S = \mathbb{C}^-$. Auch dieses Verfahren ist A-stabil.

3. Das θ-Verfahren, angewendet auf das Modellproblem $u'(t) = \lambda\, u(t)$, ist durch

$$u_{j+1} = u_j + \tau_j \left[(1 - \theta)\, \lambda u_j + \theta\, u_{j+1} \right]$$

gegeben. Löst man nach u_{j+1} auf, erhält man

$$u_{j+1} = R(\tau_j \lambda)\, u_j \quad \text{mit} \quad R(z) = \frac{1 + (1 - \theta)z}{1 - \theta z}.$$

Die Bedingung $|R(z)| \leq 1$ ist äquivalent zur Bedingung

$$(1 - 2\theta)(x^2 + y^2) + 2x \leq 0$$

mit $x = \operatorname{Re} z$ und $y = \operatorname{Im} z$. Damit folgt:

$$S = \begin{cases} \left\{ z \in \mathbb{C}\colon \left| z + \frac{1}{1-2\theta} \right| \leq \frac{1}{1-2\theta} \right\} & \text{für } \theta < \frac{1}{2}, \\ \mathbb{C}^- & \text{für } \theta = \frac{1}{2}, \\ \left\{ z \in \mathbb{C}\colon \left| z - \frac{1}{2\theta-1} \right| \geq \frac{1}{2\theta-1} \right\} & \text{für } \theta > \frac{1}{2}. \end{cases} \tag{5.25}$$

Der Rand des Stabilitätsbereiches des θ-Verfahrens ist im Allgemeinen ein Kreis, im Fall $\theta = 1/2$ die imaginäre Achse. Das θ-Verfahren ist offensichtlich genau dann A-stabil, wenn $\theta \geq 1/2$. In Abbildung 5.3.4 sind die Stabilitätsbereiche für einige Werte von θ dargestellt. Der dunkelste Bereich ist der Stabilitätsbereich für $\theta = 0$. Die Stabilitätsbereiche nehmen mit ansteigenden Werten für θ an Größe zu. Sie sind überlappend und mit ansteigender Helligkeit dargestellt. Den größten Stabilitätsbereich, nämlich den Außenbereich der weißen Kreisscheibe, besitzt das θ-Verfahren für $\theta = 1$.

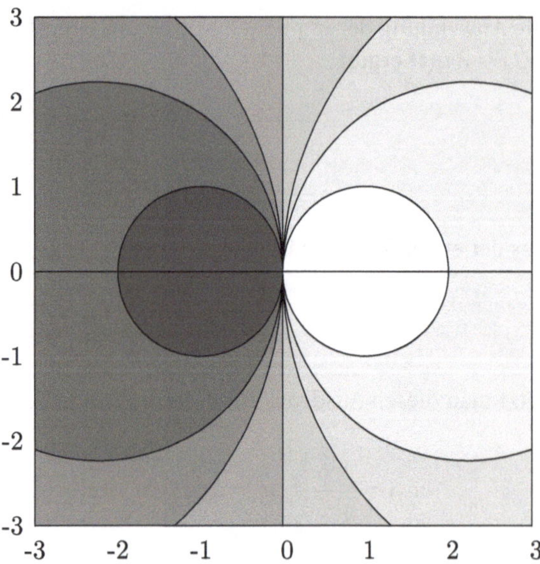

Abb. 5.3.4. Stabilitätsbereiche des θ-Verfahrens für verschiedene Werte von θ

Die Forderung nach Kontraktivität eines Runge-Kutta-Verfahrens bei Anwendung auf das skalare Modellproblem führt unverändert auf die Bedingung

$$|R(\tau_j\lambda)| \leq 1 \quad \text{bzw.} \quad \tau_j\lambda \in S \quad \text{für alle } j = 0, 1, \ldots, m-1.$$

Die Erweiterung auf lineare Systeme von Differentialgleichungen mit konstanten Koeffizienten

$$u'(t) = Ju(t)$$

mit $J \in \mathbb{R}^{n\times n}$ ist ebenfalls unverändert: Für normale Matrizen J gilt der Satz auf Seite 87, also charakterisiert die Bedingung

$$|R(\tau_j\,\lambda)| \leq 1 \quad \text{bzw.} \quad \tau_j\lambda \in S \quad \text{für alle } \lambda \in \sigma(J),\ j = 0, 1, \ldots, m-1$$

die Kontraktivität. Im Speziellen gilt:

> Ein A-stabiles Runge-Kutta-Verfahren zur Lösung eines dissipativen linearen Systems von Differentialgleichungen mit konstanten Koeffizienten, dessen Koeffizientenmatrix normal ist, ist immer kontraktiv.

Satz

Beweis. Wegen der Dissipativität ist $\lambda \in \mathbb{C}^-$ für alle $\lambda \in \sigma(J)$ und aufgrund der A-Stabilität folgt

$$\tau_j\,\lambda \in \mathbb{C}^- \subset S$$

für alle Schrittweiten $\tau_j > 0$. Das Verfahren ist also kontraktiv. $\qquad\square$

Wir betrachten das einfache Problem

Beispiel

$$u'(t) = -50\,u(t) \quad \text{für alle } t \in (0, T),$$
$$u(0) = 1.$$

Wie bereits diskutiert, ist das explizite Euler-Verfahren nur für Schrittweiten $\tau \leq 1/25$ kontraktiv. Das implizite Euler-Verfahren ist A-stabil und daher für das obige dissipative Problem immer kontraktiv. Auch für relativ große Schrittweiten erhält man akzeptable Näherungen. Das linke Bild in Abbildung 5.3.5 zeigt die Näherungen des impliziten Euler-Verfahrens für die konstante Schrittweite $\tau = 1/20$. Man vergleiche mit den völlig unsinnigen Näherungen, die das explizite Euler-Verfahren bei gleicher Schrittweite lieferte, siehe Abbildung 5.2.2. Natürlich werden die Näherungen genauer, wenn die Schrittweite kleiner gewählt wird: Die Näherungslösungen im rechten Bild der Abbildung 5.3.5 wurden mit der konstanten Schrittweite $\tau = 1/60$ berechnet.

Das semi-diskretisierte eindimensionale parabolische Modellproblem (siehe Seite 25) ist dissipativ. Die Koeffizientenmatrix $J_h = -M_h^{-1}K_h$ ist selbstadjungiert und damit normal. Daher ist das θ-Verfahren für alle Schrittweiten τ_j kontraktiv, falls $\theta \geq \frac{1}{2}$.

Beispiel

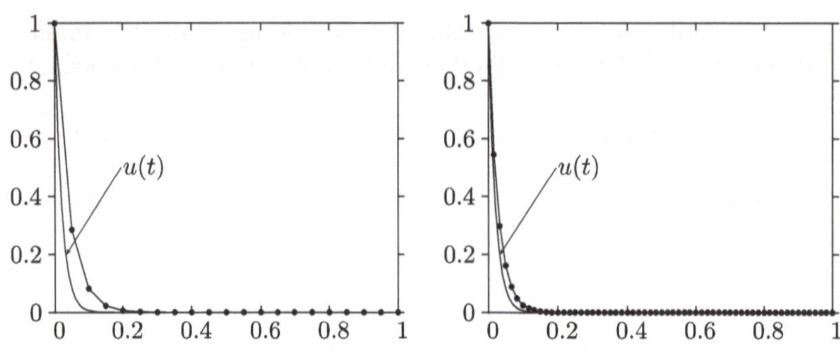

Abb. 5.3.5. Das implizite Euler-Verfahren

Wir diskutieren nun den Fall $\theta < 1/2$: Nach Bedingung (5.13) von Seite 87 ist das θ-Verfahren genau dann kontraktiv, wenn:

$$\tau_j \lambda \in S \quad \text{für alle } \lambda \in \sigma(J_h), \ j = 0, 1, \ldots, m-1,$$

wobei der Stabilitätsbereich S durch (5.25) gegeben ist. Das führt, völlig analog zur Diskussion des expliziten Euler-Verfahrens auf Seite 88, auf die Einschränkung

$$\tau_j \leq \frac{2}{\rho(M_h^{-1} K_h)\,(1 - 2\theta)}$$

an die Schrittweite.

Aus der Abschätzung (5.2) wissen wir, dass $\rho(M_h^{-1} K_h) = \mathcal{O}(1/h^2)$ für $h \to 0$. Folglich gilt für die Schrittweitenwahl

$$\tau_j = \mathcal{O}(h^2).$$

Aus der oberen Schranke in (5.2) erhält man die hinreichende Bedingung an die Schrittweiten, die sicher stellt, dass das θ-Verfahren kontraktiv ist:

$$\tau_j \leq \frac{h^2}{6\,(1 - 2\theta)}.$$

Überraschenderweise gilt die Aussage des letzten Satzes für alle Matrizen J ohne jede Einschränkung:

Satz

> Ein A-stabiles Runge-Kutta-Verfahren zur Lösung eines dissipativen linearen Systems von Differentialgleichungen mit konstanten Koeffizienten ist immer kontraktiv.

Einen Beweis mit Hilfsmitteln aus der Funktionentheorie liefert z.B. [6].

Die Semi-Diskretisierung parabolischer Anfangsrandwertprobleme führt auf   **Beispiel**
die Differentialgleichung, siehe (3.3) auf Seite 21:

$$\underline{u}_h'(t) = M_h^{-1}\left[\underline{f}_h(t) - K_h\underline{u}_h(t)\right] \quad \text{für alle } t \in (0,\,T).$$

Wir haben auf Seite 75 nachgewiesen, dass diese Differentialgleichung dissipativ
ist. Aus dem obigen Satz folgt dann die Kontraktivität von A-stabilen Runge-
Kutta-Verfahren auch im nicht-symmetrischen Fall.

Erweiterung auf allgemeine dissipative Probleme

Man hofft natürlich, dass A-stabile Verfahren nicht nur für lineare Systeme mit konstanten Koeffizienten, sondern auch für allgemeine dissipative Probleme der Form

$$u'(t) = f(t, u(t)) \quad \text{für alle } t \in (0,\,T)$$

gute Stabilitätseigenschaften haben, also z.B. kontraktiv sind. Garantiert ist das allerdings nicht.

Ein sehr starker Stabilitätsbegriff, der garantiert, dass ein Näherungsverfahren
auch für allgemeine dissipative Systeme immer kontraktiv ist, wird durch die folgende Definition eingeführt:

Ein Einschrittverfahren heißt B-stabil, falls es für alle Anfangswertprobleme mit   **Definition**
einer dissipativen Differentialgleichung immer kontraktiv ist.

Die Definition der B-Stabilität beinhaltet also unmittelbar die gewünschte Stabi-
litätseigenschaft. Der nächste Satz liefert ein notwendiges Kriterium für B-Stabilität:

Ein B-stabiles Runge-Kutta-Verfahren ist A-stabil.   **Lemma**

Beweis. Wir betrachten das lineare Modellproblem

$$u'(t) = \lambda\, u(t)$$

mit $\lambda \in \mathbb{C}$. Das Modellproblem ist genau dann dissipativ, wenn $\operatorname{Re}\lambda \le 0$.
Wir setzen nun voraus, dass das betrachtete Verfahren B-stabil ist. Dann muss im
dissipativen Fall, also für alle $\lambda \in \mathbb{C}^-$, gelten, dass

$$|u_+| \le |u| \quad \text{für alle } u \in \mathbb{C}$$

für beliebige Schrittweiten $\tau_j > 0$. Wegen

$$|u_+| = |R(\tau_j\lambda)u| = |R(\tau_j\lambda)|\,|u|$$

folgt sofort

$$|R(\tau_j \lambda)| \leq 1 \quad \text{für alle } \tau_j > 0,\ \lambda \in \mathbb{C}^-,$$

oder, dazu äquivalent:

$$\tau_j \lambda \in S \quad \text{für alle } \tau_j > 0,\ \lambda \in \mathbb{C}^-.$$

Das hat im Speziellen zur Folge, dass $\mathbb{C}^- \subset S$. Das Verfahren ist also A-stabil. $\qquad\square$

Nicht alle A-stabilen Verfahren sind auch B-stabil. Ein A-stabiles Verfahren, das auch B-stabil ist, ist das implizite Euler-Verfahren.

Satz Das implizite Euler-Verfahren ist B-stabil.

Beweis. Für die rechte Seite einer Differentialgleichung

$$u'(t) = f(t, u(t)) \quad t \in (0, T)$$

gelte

$$(f(t, w) - f(t, v), w - v) \leq 0 \quad \text{für alle } t \in [0, T],\ v, w \in \mathbb{R}^n.$$

Wir betrachten einen Schritt des Verfahrens für diese Differentialgleichung mit Startwerten v bzw. w bei $t = t_j$ und Schrittweite $\tau_j > 0$. Dann gilt nach Definition des Verfahrens für die nächsten Näherungen v_+ bzw. w_+:

$$v_+ = v + \tau_j f(t_j, v_+) \quad \text{und} \quad w_+ = w + \tau_j f(t_j, w_+).$$

Durch Subtraktion folgt:

$$w_+ - v_+ = w - v + \tau_j \left[f(t_{j+1}, w_+) - f(t_{j+1}, v_+) \right].$$

Bildet man auf beiden Seiten das Skalarprodukt mit $w_+ - v_+$, so erhält man:

$$\begin{aligned}
\|w_+ - v_+\|^2 &= (w_+ - v_+, w_+ - v_+) \\
&= (w - v, w_+ - v_+) + \tau_j \underbrace{(f(t_{j+1}, w_+) - f(t_{j+1}, v_+), w_+ - v_+)}_{\leq 0} \\
&\leq (w - v, w_+ - v_+) \leq \|w - v\|\,\|w_+ - v_+\|.
\end{aligned}$$

Dividiert man durch $\|w_+ - v_+\|$, so folgt

$$\|w_+ - v_+\| \leq \|w - v\|. \qquad\square$$

■ 5.4
Voll-diskretisierte parabolische Probleme

Wir kehren nun zum parabolischen Anfangsrandwertproblem

$$\frac{d}{dt}(u(t), v)_H + a(u(t), v) = \langle f(t), v \rangle \quad \text{für alle } v \in V,\ t \in (0, T),$$
$$u(0) = u_0$$

(5.26)

zurück und fassen unsere Erkenntnisse zusammen. Der Diskretisierungsprozess bestand aus zwei Schritten: Zuerst führten wir in Kapitel 3 die Ortsdiskretisierung mit einer Galerkin-Methode durch und erhielten das Anfangswertproblem:

$$\underline{u}_h'(t) = M_h^{-1} \left[\underline{f}_h(t) - K_h \underline{u}_h(t) \right] \quad \text{für alle } t \in (0, T),$$
$$\underline{u}_h(0) = M_h^{-1} \underline{g}_h.$$

Anschließend untersuchten wir Runge-Kutta-Verfahren zur Zeitdiskretisierung. In der weiteren Diskussion konzentrieren wir uns auf das θ-Verfahren und erhalten das folgende vollständig diskretisierte Problem für die Näherungen $\underline{u}_{h,k} \in \mathbb{R}^{n_h}$, siehe die Diskussion beginnend auf Seite 96 für $J = J_h = -M_h^{-1} K_h, f(t) = M_h^{-1} \underline{f}_h(t)$:

$$\underline{u}_{h,j+1} = \underline{u}_{h,j} + \tau_j\, \underline{\phi}_h(t_j, \underline{u}_{h,j}, \tau_j)$$

mit

$$\underline{\phi}_h(t, \underline{u}_h, \tau) = (I - \tau\theta J_h)^{-1} \left[(1 - \theta)M_h^{-1}\underline{f}_h(t) + \theta M_h^{-1}\underline{f}_h(t + \tau) - J_h\underline{u}_h \right]$$
$$= (M_h + \tau\theta K_h)^{-1} \left[(1 - \theta)\underline{f}_h(t) + \theta\underline{f}_h(t + \tau) - K_h\underline{u}_h \right]$$

und dem Startwert $\underline{u}_{h,0}$, den man aus der diskretisierten Anfangsbedingung erhält.

Durchführung des Verfahrens

Für die Größe $\underline{\phi}_{h,j} = \underline{\phi}_h(t_j, \underline{u}_{h,j}, \tau_j)$ folgt offensichtlich:

$$\left[M_h + \tau_j\, \theta\, K_h \right] \underline{\phi}_{h,j} = (1 - \theta)\underline{f}_h(t_j) + \theta\,\underline{f}_h(t_j + \tau_j) - K_h\underline{u}_{h,j}.$$

(5.27)

In jedem Zeitschritt ist also ein lineares Gleichungssystem zu lösen.

Für die Raumdimension $d = 1$ sind sowohl M_h als auch K_h Tridiagonalmatrizen, falls für die Finite-Elemente-Methode das Courant-Element verwendet wird. Als Lösungsmethode bietet sich das Gaußsche Eliminationsverfahren für Bandmatrizen (mit unterer und oberer Bandbreite $p = q = 1$) an. Der Aufwand steigt nur linear mit der Anzahl n_h der Unbekannten, siehe Band 1, Seite 80.

Vielleicht schon für Raumdimension $d = 2$, jedenfalls aber für Raumdimension $d = 3$ sind iterative Methoden überlegen, siehe die Diskussion in Band 1, Kapitel 8, wo wir vom variationellen Hintergrund eines Gleichungssystems Gebrauch machten.

Dieser Hintergrund ist auch hier vorhanden: Bildet man auf beiden Seiten von (5.27) das euklidische Skalarprodukt mit einem Testvektor $\underline{v}_h \in \mathbb{R}^{n_h}$, so erhält man

$$\left(\left[M_h + \tau_j\,\theta\,K_h \right] \underline{\phi}_{h,j},\, \underline{v}_h \right)_{\ell_2}$$
$$= (1-\theta)\left(\underline{f}_h(t_j),\, \underline{v}_h \right)_{\ell_2} + \theta\left(\underline{f}_h(t_j+\tau_j),\, \underline{v}_h \right)_{\ell_2} - \left(K_h\underline{u}_{h,j},\, \underline{v}_h \right)_{\ell_2}.$$

Das entspricht genau dem folgenden diskreten Variationsproblem für die zugeordnete (Finite-Elemente-)Funktion $\phi_{h,j} \in V_h$:

$$(\phi_{h,j}, v_h)_H + \tau_j\,\theta\,a(\phi_{h,j}, v_h)$$
$$= (1-\theta)\,\langle f(t_j), v_h\rangle + \theta\,\langle f(t_j+\tau_j), v_h\rangle - a(u_{h,j}, v_h) \quad \text{für alle } v_h \in V_h.$$

Dieses diskrete Variationsproblem entsteht mit Hilfe der Galerkin-Methode aus dem entsprechenden Variationsproblem in V:

$$(\phi_j, v)_H + \tau_j\,\theta\,a(\phi_j, v)$$
$$= (1-\theta)\,\langle f(t_j), v\rangle + \theta\,\langle f(t_j+\tau_j), v\rangle - a(u_{h,j}, v) \quad \text{für alle } v \in V.$$

Eine maßgebliche Größe für den Schwierigkeitsgrad des linearen Gleichungssystems ist im symmetrischen Fall $K_h^T = K_h$ die Konditionszahl der involvierten Systemmatrix, hier die Konditionszahl der Matrix

$$M_h + \tau_j\,\theta\,K_h.$$

Die Systemmatrix ist eine Kombination der gut-konditionierten Massenmatrix M_h und der schlecht-konditionierten Steifigkeitsmatrix K_h. Im Fall, dass der Wert von $\tau_j\theta$ nicht sehr klein ist, dominiert der zweite Term. Wir haben es dann mit einem jener Gleichungssysteme zu tun, für die wir in Band 1, Kapitel 8, effiziente Verfahren diskutiert haben. Im anderen Extremfall, wenn $\tau_j\,\theta$ klein ist, dominiert der erste Term. Die Systemmatrix ist dann gut-konditioniert. Lineare Gleichungssysteme mit gut-konditionierten Matrizen können effizient mit einfachen Iterationsverfahren gelöst werden, z.B. mit dem CG-Verfahren.

Mass lumping

Der Spezialfall $\theta = 0$, also die Verwendung des expliziten Euler-Verfahrens zur Zeitdiskretisierung, verdient eine spezielle Behandlung: Obwohl das Verfahren explizit ist, würde die Durchführung eines Zeitschrittes dennoch die Lösung eines linearen Gleichungssystems mit der Systemmatrix M_h erfordern. Solche Gleichungssysteme lassen sich zwar effizient mit einfachen Iterationsverfahren lösen. Man kann jedoch durch eine geringfügige Modifikation der Diskretisierung völlig auf die Lösung eines linearen Gleichungssystems verzichten.

Zur Illustration der Grundidee diskutieren wir das eindimensionale parabolische Modellproblem bei Verwendung des Courant-Elements. Es gilt:

$$M_h = (M_{ik})_{i,k=1,\ldots,n_h}, \quad M_{ik} = (\varphi_i, \varphi_k)_{L_2(0,1)} = \int_0^1 \varphi_i(x)\,\varphi_k(x)\,dx.$$

Wählt man anstelle des L_2-Skalarproduktes $(v, w)_{L_2(0,1)}$ die folgende Näherung

$$(v, w)_h = \sum_{k=1}^{n_h} \frac{h_k}{2} \left[v(x_{k-1})w(x_{k-1}) + v(x_k)w(x_k) \right],$$

die durch Anwendung der Trapezregel auf den Teilintervallen entsteht, so erhält man anstelle der ursprünglichen Matrix M_h eine Näherung $\bar{M}_h$, gegeben durch

$$\bar{M}_h = (\bar{M}_{ik})_{i,k=1,\dots,n_h}, \qquad \bar{M}_{ik} = (\varphi_i, \varphi_k)_h.$$

Man überzeugt sich leicht, dass $\bar{M}_h$ eine Diagonalmatrix ist, für die dann die Lösung des linearen Gleichungssystems trivial ist. Der Genauigkeitsverlust gegenüber der Verwendung der Massenmatrix liegt im Bereich des Diskretisierungsfehlers der Galerkin-Methode und ist daher tolerierbar. Es lässt sich zeigen, dass für $i \geq 2$ das Diagonalelement der i-ten Zeile von $\bar{M}_h$ die Summe der Einträge der i-ten Zeile der ursprünglichen Massenmatrix M_h ist, siehe Übungsaufgabe 29. (Für die erste Zeile gilt diese Eigenschaft wegen der Dirichlet-Randbedingung bei $x = 0$ nicht.) Eine derartige Approximation der Massenmatrix durch eine Diagonalmatrix, die durch Summation der Zeileneinträge entsteht, nennt man im Englischen „mass lumping".

Der Diskretisierungsfehler

Für die Analyse des Diskretisierungsfehlers ist es zweckmäßig, das Verfahren in Form einer Näherungsgleichung zu schreiben

$$\underline{\psi}_{h,\tau}(\underline{u}_{h,\tau}) = 0,$$

wobei $\underline{\psi}_{h,\tau}(\underline{v}_{h,\tau}): t_k \mapsto \underline{\psi}_{h,k}(\underline{v}_{h,\tau})$ für eine Gitterfunktion $\underline{v}_{h,\tau}: t_k \mapsto \underline{v}_{h,k}$ durch

$$\underline{\psi}_{h,j+1}(\underline{v}_{h,\tau}) = \frac{1}{\tau_j} \left(\underline{v}_{h,j+1} - \underline{v}_{h,j} \right) - \underline{\phi}_h(t_j, \underline{v}_{h,j}, \tau_j)$$

für alle $j = 0, 1, \dots, m-1$ und $\underline{\psi}_{h,0}(\underline{v}_{h,\tau}) = \underline{v}_{h,0} - \underline{u}_{h,0}$ gegeben ist. Die Gitterfunktion $\underline{u}_\tau$ ordnet jedem Zeitpunkt $t_j \in I_\tau$ einen Vektor $\underline{u}_{h,j} \in \mathbb{R}^{n_h}$ zu, dem eine Näherung $u_{h,j} \in V_h$ der exakten Lösung $u(t_j) \in V$ entspricht.

Es bleibt zu klären, wie groß der gesamte Diskretisierungsfehler $u(t_j) - u_{h,j}$ ist. Ein erster Ansatz beruht auf der folgenden Aufspaltung dieses Fehlers in zwei Teile:

$$u(t_j) - u_{h,j} = \left[u(t_j) - u_h(t_j) \right] + \left[u_h(t_j) - u_{h,j} \right].$$

Eine Abschätzung des ersten Teils wurde in Kapitel 3 hergeleitet:

$$\| u(t_j) - u_h(t_j) \|_H$$
$$\leq \| R_h u(0) - u_h(0) \|_H + \int_0^{t_j} \| (I - R_h)u'(s) \|_H \, ds + \| [I - R_h]u(t_j) \|_H.$$

Der zweite Teil lässt sich mit den Techniken aus den Abschnitten 5.2 und 5.3 abschätzen: Angenommen, das θ-Verfahren ist kontraktiv. Dann erhält man aus der Folgerung auf Seite 76 und aus dem Satz auf Seite 98 für $J = J_h = -M_h^{-1} K_h$ bei Verwendung des M_h-Skalarproduktes:

$$\|u_h(t_j) - u_{h,j}\|_H = \|\underline{u}_h(t_j) - \underline{u}_{h,j}\|_{M_h}$$

$$\leq \tau_0 \|\underline{\psi}_{h,1}(\underline{u}_h)\|_{M_h} + \ldots + \tau_{j-1} \|\underline{\psi}_{h,j}(\underline{u}_h)\|_{M_h}$$

$$\leq \tau \int_0^{t_j} \|\underline{u}_h''(t)\|_{M_h} \, dt = \tau \int_0^{t_j} \|u_h''(t)\|_H \, dt.$$

In der oberen Schranke tritt die exakte Lösung $u_h(t)$ des diskretisierten Problems auf. Man müsste also noch zusätzlich versuchen, die Norm von $u_h''(t)$ abzuschätzen, um die endgültige Abhängigkeit des Fehlers von h und τ zu finden.

Wir wählen einen anderen Weg. Man kann sich von Anfang an das Auftreten der Größe $u_h(t)$ ersparen, wenn man von folgender Aufspaltung des Fehlers ausgeht:

$$u(t_j) - u_{h,j} = \underbrace{u(t_j) - R_h u(t_j)}_{\rho_h(t_j)} + \underbrace{R_h u(t_j) - u_{h,j}}_{\theta_{h,j}}.$$

Der erste Anteil ist uns bereits in Kapitel 3 begegnet und erfordert keine zusätzlichen Überlegungen:

$$\|\rho_h(t_j)\|_H = \|[I - R_h]u(t)\|_H.$$

Um den zweiten Anteil abzuschätzen, gehen wir analog wie in den Abschnitten 5.2 und 5.3 vor: Der einzige Unterschied besteht darin, dass die Näherung nicht mit der exakten Lösung $u_h(t)$ des semi-diskretisierten Problems verglichen wird, sondern mit der Ritz-Projektion der exakten Lösung:

$$\tilde{u}_h(t) = R_h u(t),$$

deren Koeffizientenvektor bezüglich der gewählten Basis wie üblich mit $\underline{\tilde{u}}_h(t)$ bezeichnet wird. Von entscheidender Bedeutung ist die folgende Abschätzung, die sofort aus dem Satz auf Seite 76 folgt:

Satz

> Angenommen, das θ-Verfahren ist kontraktiv. Dann gilt:
>
> $$\|\underline{\tilde{u}}_h(t_j) - \underline{u}_{h,j}\|_{M_h} \leq \|\underline{\tilde{\psi}}_{h,0}\|_{M_h} + \tau_0 \|\underline{\tilde{\psi}}_{h,1}\|_{M_h} + \ldots + \tau_{j-1} \|\underline{\tilde{\psi}}_{h,j}\|_{M_h}$$
>
> mit $\underline{\tilde{\psi}}_{h,k} = \underline{\psi}_{h,k}(\underline{\tilde{u}}_h).$

Es bleibt die Aufgabe, die Größen $\underline{\tilde{\psi}}_{h,k}$ abzuschätzen:

Lemma

> Sei u die Lösung von (5.26) und es gelte $u \in C^2([0, T], V)$. Dann folgt für das θ-Verfahren:
>
> $$\|\underline{\tilde{\psi}}_{h,j+1}\|_{M_h} \leq \int_{t_j}^{t_{j+1}} \|u''(t)\|_H \, dt + \frac{1}{\tau_j} \int_{t_j}^{t_{j+1}} \|[I - R_h]u'(t)\|_H \, dt.$$

Beweis. Der Beweis verläuft analog zum Beweis des Lemmas auf Seite 97:

1. Mit $J = J_h = -M_h^{-1} K_h, f(t) = M_h^{-1} \underline{f}_h(t)$ und dem M_h-Skalarprodukt nimmt die erste Identität im Beweis auf Seite 97 hier folgende Form an:

$$
\left([I - \tau_j\,\theta\,J_h]\underline{\tilde\psi}_{h,j+1}, \underline{v}_h \right)_{M_h} = \frac{1}{\tau_j}\left(\underline{\tilde u}_h(t_{j+1}) - \underline{\tilde u}_h(t_j), \underline{v}_h \right)_{M_h}
$$
$$
- \Big[(1-\theta)\,\big(M_h^{-1}[\underline{f}_h(t_j) - K_h\underline{\tilde u}_h(t_j)], \underline{v}_h \big)_{M_h}
$$
$$
+ \theta\,\big(M_h^{-1}[\underline{f}_h(t_{j+1}) - K_h\underline{\tilde u}_h(t_{j+1})], \underline{v}_h \big)_{M_h} \Big] \quad \text{für alle } \underline{v}_h \in \mathbb{R}^{n_h}.
$$

Wegen $\left(\underline{\tilde u}_h(t), \underline{v}_h \right)_{M_h} = (R_h u(t), v_h)_H$ und

$$
\left(M_h^{-1}[\underline{f}_h(t) - K_h\underline{\tilde u}_h(t)], \underline{v}_h \right)_{M_h} = \left(\underline{f}_h(t) - K_h\underline{\tilde u}_h(t), \underline{v}_h \right)_{\ell_2}
$$
$$
= \langle f(t), v_h \rangle - a(\tilde u_h(t), v_h) = \langle f(t), v_h \rangle - a(u(t), v_h) = (u'(t), v_h)_H
$$

folgt

$$
\left([I - \tau_j\,\theta\,J_h]\underline{\tilde\psi}_{h,j+1}, \underline{v}_h \right)_{M_h}
$$
$$
= \frac{1}{\tau_j} \int_{t_j}^{t_{j+1}} (R_h u'(t), v_h)_H\, dt - \Big[(1-\theta)\,(u'(t_j), v_h)_H + \theta\,(u'(t_{j+1}), v_h)_H \Big]
$$
$$
= \frac{1}{\tau_j} \int_{t_j}^{t_{j+1}} (u'(t), v_h)_H\, dt - \Big[(1-\theta)\,(u'(t_j), v_h)_H + \theta\,(u'(t_{j+1}), v_h)_H \Big]
$$
$$
+ \frac{1}{\tau_j} \int_{t_j}^{t_{j+1}} (R_h u'(t) - u'(t), v_h)_H\, dt.
$$

2. Wie im Beweis auf Seite 97 folgt die Abschätzung:

$$
\left| \frac{1}{\tau_j} \int_{t_j}^{t_{j+1}} (u'(t), v_h)_H\, dt - \Big[(1-\theta)\,(u'(t_j), v_h)_H + \theta\,(u'(t_{j+1}), v_h)_H \Big] \right|
$$
$$
\leq \int_{t_j}^{t_{j+1}} \|u''(t)\|_H\, dt\, \|v_h\|_H.
$$

Wir erhalten daher

$$
\left| \left([I - \tau_j\,\theta\,J_h]\underline{\tilde\psi}_{h,j+1}, \underline{v}_h \right)_{M_h} \right|
$$
$$
\leq \int_{t_j}^{t_{j+1}} \|u''(t)\|_H\, dt\, \|v_h\|_H + \frac{1}{\tau_j} \int_{t_j}^{t_{j+1}} \|[I - R_h]u'(t)\|_H\, dt\, \|v_h\|_H
$$
$$
= \left[\int_{t_j}^{t_{j+1}} \|u''(t)\|_H\, dt + \frac{1}{\tau_j} \int_{t_j}^{t_{j+1}} \|[I - R_h]u'(t)\|_H\, dt \right] \|\underline{v}_h\|_{M_h}.
$$

3. Für $\underline{v}_h = \underline{\tilde\psi}_{h,j+1}$ folgt völlig analog zum Beweis auf Seite 97 die Behauptung. $\square$

Nach diesen Vorbereitungen erhält man schließlich:

Satz

Sei u die Lösung von (5.26) und es gelte $u \in C^2([0, T], V)$. Falls das θ-Verfahren kontraktiv ist, dann folgt:

$$\|u(t_j) - u_{h,j}\|_H \le \tau \int_0^{t_j} \|u''(t)\|_H \, dt$$

$$+ \|R_h u(0) - u_h(0)\|_H + \int_0^{t_j} \|(I - R_h)u'(t)\|_H \, dt + \|[I - R_h]u(t_j)\|_H.$$

Beweis. Die Dreiecksungleichung liefert

$$\|u(t_j) - u_{h,j}\|_H \le \|\rho_h(t_j)\|_H + \|\theta_{h,j}\|_H = \|[I - R_h]u(t_j)\|_H + \|\theta_{h,j}\|_H.$$

Aus dem letzten Satz und dem letzten Lemma folgt:

$$\|\theta_{h,j}\|_H = \|\tilde{u}_h(t_j) - u_{h,j}\|_H = \|\underline{\tilde{u}}_h(t_j) - \underline{u}_{h,j}\|_{M_h}$$

$$\le \|\underline{\tilde{\psi}}_{h,0}\|_{M_h} + \tau_0 \|\underline{\tilde{\psi}}_{h,1}\|_{M_h} + \tau_1 \|\underline{\tilde{\psi}}_{h,2}\|_{M_h} + \ldots + \tau_{j-1} \|\underline{\tilde{\psi}}_{h,j}\|_{M_h}$$

$$\le \|R_h u(0) - u_h(0)\|_H + \tau \int_0^{t_j} \|u''(t)\|_H \, dt \, dt + \int_0^{t_j} \|[I - R_h]u'(t)\|_H. \qquad \square$$

Die Abschätzung des Diskretisierungsfehlers des voll-diskretisierten Problems unterscheidet sich also von der entsprechenden Abschätzung des semi-diskretisierten Problems auf Seite 25 nur um einen zusätzlichen Term der Größenordnung $\mathcal{O}(\tau)$, der durch die Zeitdiskretisierung verursacht wird.

Bemerkung. Falls $u \in C^3([0, T], V)$, gilt für $\theta = 1/2$:

$$\|u(t_j) - u_{h,j}\|_H \le \frac{\tau^2}{8} \int_0^{t_j} \|u'''(t)\|_H \, dt$$

$$+ \|R_h u(0) - u_h(0)\|_H + \int_0^{t_j} \|[I - R_h]u'(t)\|_H \, dt + \|[I - R_h]u(t_j)\|_H,$$

siehe auch die entsprechende Bemerkung auf Seite 98.

Anwendung auf das parabolische Modellproblem

Für das eindimensionale parabolische Modellproblem wissen wir, dass das θ-Verfahren für $\theta \ge 1/2$ ohne Einschränkung an die Schrittweiten und für $\theta < 1/2$ unter der Restriktion

$$\tau \le \frac{h^2}{6(1 - 2\theta)}$$

kontraktiv ist.

In beiden Fällen erhalten wir für $u \in C^2([0, T], V \cap H^2(0, 1))$ sofort wie im Beweis des Satzes auf Seite 28 folgende Abschätzung des Diskretisierungsfehlers:

$$\|u(t_j) - u_{h,j}\|_{L_2(0,1)} \leq \tau \int_0^{t_j} \|u''(t)\|_{L^2(0,1)} \, dt$$

$$+ C h^2 \left[|u(0)|_{H^2(0,1)} + \int_0^{t_j} |u'(t)|_{H^2(0,1)} \, dt + |u(t_j)|_{H^2(0,1)} \right],$$

oder kurz:

$$\|u(t_j) - u_{h,j}\|_{L_2(0,1)} = \mathcal{O}(h^2 + \tau).$$

Falls $u \in C^3([0, T], V \cap H^2(0, 1))$, gilt für $\theta = 1/2$ sogar:

$$\|u(t_j) - u_{h,j}\|_{L_2(0,1)} \leq \frac{\tau^2}{8} \int_0^{t_j} \|u'''(t)\|_{L^2(0,1)} \, dt$$

$$+ C h^2 \left[|u(0)|_{H^2(0,1)} + \int_0^{t_j} |u'(t)|_{H^2(0,1)} \, dt + |u(t_j)|_{H^2(0,1)} \right],$$

oder kurz:

$$\|u(t_j) - u_{h,j}\|_{L_2(0,1)} = \mathcal{O}(h^2 + \tau^2).$$

Die horizontale Linienmethode

Eine wichtige Alternative zur vertikalen Linienmethode ist die so genannte horizontale Linienmethode (oder auch Rothe[2]-Methode): Während bei der vertikalen Linienmethode zunächst bezüglich der Ortsvariablen x und anschließend bezüglich der Zeitvariablen t diskretisiert wird, dreht man bei der horizontalen Linienmethode die Reihenfolge um: Das unendlich-dimensionale Variationsproblem

$$\frac{d}{dt}(u(t), v)_H + a(u(t), v) = \langle f(t), v \rangle \quad \text{für alle } v \in V, \ t \in (0, T)$$

wird zunächst bezüglich der Zeitvariablen diskretisiert. Das führt in jedem Zeitpunkt auf ein (stationäres) Variationsproblem. Als Beispiel betrachten wir das θ-Verfahren, für das wir das folgende (stationäre) Variationsproblem erhalten: Gesucht ist $u_{j+1} \in V$, sodass

$$\frac{1}{\tau_j}(u_{j+1} - u_j, v)_H$$

$$= (1 - \theta) \left[\langle f(t_j), v \rangle - a(u_j, v) \right] + \theta \left[\langle f(t_{j+1}), v \rangle - a(u_{j+1}, v) \right] \quad \text{für alle } v \in V.$$

Die Berechnung der Näherung $u_{j+1} = u_j + \tau_j \, \phi_j$ erfordert die Lösung des (stationären) Variationsproblems für $\phi_j \in V$:

$$(\phi_j, v)_H + \tau_j \, \theta \, a(\phi_j, v)$$

$$= (1 - \theta) \langle f(t_j), v \rangle + \theta \langle f(t_j + \tau_j), v \rangle - a(u_j, v) \quad \text{für alle } v \in V$$

---

[2]Erich Rothe (1895–1988), deutscher Mathematiker

mit der elliptischen und beschränkten Bilinearform

$$(w, v)_H + \theta\, \tau_j\, a(w, v).$$

Anschließend ist dieses Variationsproblem bezüglich x zu diskretisieren, um den Diskretisierungsprozess abzuschließen: Gesucht ist $\phi_{h,j} \in V_h$, sodass

$$
\begin{aligned}
(\phi_{h,j}, v_h)_H &+ \tau_j\, \theta\, a(\phi_{h,j}, v_h) \\
&= (1 - \theta)\,\langle f(t_j), v_h\rangle + \theta\,\langle f(t_j + \tau_j), v_h\rangle - a(u_{h,j}, v_h) \quad \text{für alle } v_h \in V_h.
\end{aligned}
$$

Wie man sofort sieht, führt die horizontale Linienmethode im hier diskutierten Fall auf das gleiche Ergebnis wie die vertikale Linienmethode. Das ist nicht immer der Fall. Die horizontale Linienmethode ist im Allgemeinen flexibler. So lassen sich relativ leicht zu verschiedenen Zeitpunkten verschieden feine Ortsdiskretisierungen realisieren.

Bemerkung. Das Attribut vertikal bezieht sich auf die vertikalen Linien der Form $\{x_i\} \times [0, T]$ im Raum-Zeit-Diagramm, wobei x_i ein Knoten der Ortsdiskretisierung ist. Entlang dieser Linien sind nach der Semi-Diskretisierung bezüglich x die Näherungen durch Lösen von gewöhnlichen Differentialgleichungen zu bestimmen.

Das Attribut horizontal bezieht sich auf die horizontalen Ebenen der Form $\Omega \times \{t_j\}$ im Raum-Zeit-Diagramm, wobei t_j ein Gitterpunkt der Zeitdiskretisierung ist. In diesen Ebenen sind nach der Semi-Diskretisierung bezüglich t die Näherungen durch Lösen von elliptischen Differentialgleichungen zu bestimmen.

Ergänzende Hinweise

Zu den schon im letzten Kapitel genannten Büchern kommt [6] dazu, der zweite Band nach [5], der sich mit der (numerischen) Lösung von steifen Differentialgleichungen (und differential-algebraischen Problemen) befasst. Für die Diskussion voll-diskretisierter parabolische Probleme sei nochmals auf [13], [9], [4] und [7] verwiesen.

Übungsaufgaben

23. Angenommen, die Funktion $f \colon [0, T] \times \mathbb{R}^n \longrightarrow \mathbb{R}^n$ erfüllt die Lipschitz-Bedingung

$$\|f(t, w) - f(t, v)\| \le L\,\|w - v\| \quad \text{für alle } t \in [0, T],\ v, w \in \mathbb{R}^n.$$

Zeigen Sie für alle $t_j \in [0, T]$, $u_j \in \mathbb{R}^n$ und $\tau_j \in [0, T - t_j]$: Die Gleichung

$$u_{j+1} = u_j + \tau_j f(t_{j+1}, u_{j+1})$$

mit $t_{j+1} = t_j + \tau_j$ besitzt für alle Schrittweiten $\tau_j < 1/L$ genau eine Lösung $u_{j+1} \in \mathbb{R}^n$. Hinweis: Verwenden Sie den Banachschen Fixpunktsatz.

24. Es gelten die Bezeichnungen und Voraussetzungen aus Übungsaufgabe 23. Zusätzlich gelte:

$$(f(t, w) - f(t, v), w - v) \le 0 \quad \text{für alle } t \in [0, T],\ v, w \in \mathbb{R}^n.$$

Zeigen Sie für alle $t_j \in [0, T]$, $u_j \in \mathbb{R}^n$ und $\tau_j \in [0, T - t_j]$: Die Gleichung

$$u_{j+1} = u_j + \tau_j f(t_{j+1}, u_{j+1})$$

besitzt für alle Schrittweiten genau eine Lösung $u_{j+1} \in \mathbb{R}^n$.

Hinweis: Verwenden Sie die nichtlineare Version des Satzes von Lax-Milgram aus Band 1 auf Seite 129 für die Variationsformulierung

$$(u_{j+1} - \tau_j f(t_{j+1}, u_{j+1}), v) = (u_j, v) \quad \text{für alle } v \in \mathbb{R}^n.$$

25. Zeigen Sie, dass

$$R(z) = 1 + z + \frac{1}{2}z^2 + \frac{1}{6}z^3 + \frac{1}{24}z^4$$

die Stabilitätsfunktion des klassischen Runge-Kutta-Verfahrens der Ordnung 4 ist und bestätigen Sie

$$e^z - R(z) = \mathcal{O}\left(z^5\right) \quad \text{für } z \to 0.$$

26. Führen Sie analog zum Beispiel des impliziten Euler-Verfahrens eine Taylor-Entwicklung des lokalen Fehlers des θ-Verfahrens durch: Stellen Sie den lokalen Fehler $d(t, \tau)$ in der Form

$$d(t, \tau) = \tau^2 A_2 + \mathcal{O}(\tau^3)$$

dar, wobei der Ausdruck A_2 nur von θ, f und Ableitungen von f, nicht aber von τ abhängt. Damit folgt die Konsistenzordnung 1. Zeigen Sie, dass A_2 für $\theta = 1/2$ immer verschwindet, dass also die implizite Trapezregel die Konsistenzordnung 2 besitzt.

27. Zeigen Sie für den lokalen Fehler $d(t, \tau)$ der impliziten Mittelpunktsregel:

$$d(t, \tau) = \mathcal{O}(\tau^3).$$

28. Zeigen Sie für das eindimensionale parabolische Modellproblem im Fall einer äquidistanten Zerlegung mit Ortsschrittweite h: Es gibt eine Konstante $C > 0$ mit

$$\kappa(M_h + \tau_j \theta K_h) \leq C \left(1 + \frac{\tau_j \theta}{h^2}\right).$$

Hinweis: Gehen Sie ähnlich wie in Band 1, Abschnitt 5.2 vor.

29. Zeigen Sie für das eindimensionale parabolische Modellproblem: Die Matrix $\bar{M}_h$ (siehe Seite 107) ist eine Diagonalmatrix und es gilt:

$$\bar{M}_{ii} = \sum_{k=0}^{n_h} M_{ik} \quad \text{mit } M_{ik} = \int_0^1 \varphi_i(x)\varphi_k(x)\,dx$$

für alle $i = 1, 2, \ldots, n_h$. (Dann folgt natürlich für $i \geq 2$: $\bar{M}_{ii} = \sum_{k=1}^{n_h} M_{ik}$.)

6 Erweiterung auf hyperbolische Anfangsrandwertprobleme 2. Ordnung

Wir wenden uns nun einer zweiten wichtigen Klasse von instationären Problemen, den Anfangsrandwertproblemen hyperbolischer Differentialgleichungen zu. Formal unterscheiden sich diese Problemstellungen vom parabolischen Fall nur durch das Auftreten einer zweiten Zeitableitung anstelle einer ersten Zeitableitung und einer zusätzlichen Anfangsbedingung. Mit den Bezeichnungen, die zu Beginn des Kapitels 2 eingeführt wurden, erhalten wir folgende Problemstellung: Gesucht ist eine Funktion u auf dem Abschluss $\overline{Q}_T$ des Raum-Zeit-Zylinders $Q_T = \Omega \times (0, T)$, welche die Differentialgleichung

$$\frac{\partial^2 u}{\partial t^2}(x, t) + Lu(x, t) = f(x, t) \quad \text{für alle } (x, t) \in Q_T,$$

die Randbedingungen

$$u(x, t) = g_D(x, t) \quad \text{für alle } (x, t) \in \Gamma_D \times (0, T),$$
$$A(x) \operatorname{grad} u(x, t) \cdot n(x) = g_N(x, t) \quad \text{für alle } (x, t) \in \Gamma_N \times (0, T)$$

und die Anfangsbedingungen

$$u(x, 0) = u_0(x) \quad \text{für alle } x \in \overline{\Omega},$$
$$\frac{\partial u}{\partial t}(x, 0) = v_0(x) \quad \text{für alle } x \in \overline{\Omega}$$

erfüllt.

Im Unterschied zum parabolischen Fall beschränken wir uns im hyperbolischen Fall ausschließlich auf symmetrische Probleme, also auf hyperbolische Differentialgleichungen mit linearen Differentialoperatoren L der Form

$$Lv(x) = -\sum_{i,k=1}^{d} \frac{\partial}{\partial x_i} \left(a_{ik}(x) \frac{\partial v}{\partial x_k}(x) \right) + c(x)v(x)$$
$$= -\operatorname{div}(A(x) \operatorname{grad} v(x)) + c(x)v(x),$$

mit zeitunabhängigen Koeffizienten $A(x) = (a_{ik}(x))_{i,k=1,\ldots,d}$ und $c(x)$, wobei wir voraussetzen, dass $A(x)^T = A(x)$. Von der zugeordneten Bilinearform $a(w, v)$ fordern wir wieder Elliptizität und Beschränktheit. Die Symmetrie von $A(x)$ garantiert dann, dass die Bilinearform ein Skalarprodukt ist mit der zugeordneten Norm (*A*-Norm)

$$\|v\|_A = \sqrt{a(v, v)}.$$

Für $A(x) = I$, $c(x) = 0$ erhalten wir als Spezialfall die Differentialgleichung:

$$\frac{\partial^2 u}{\partial t^2}(x, t) - \Delta u(x, t) = f(x, t) \quad \text{für alle } (x, t) \in Q_T$$

mit dem Laplace-Operator Δ. Diese Differentialgleichung heißt Wellengleichung (engl.: wave equation). Wie in der Einleitung kurz diskutiert beschreibt sie Schwingungsvorgänge.

Auch hier formulieren wir ein einfacheres Modellproblem:

Beispiel   **Das eindimensionale hyperbolische Modellproblem.**

$$\begin{aligned}
\frac{\partial^2 u}{\partial t^2}(x, t) - \frac{\partial^2 u}{\partial x^2}(x, t) &= f(x, t) && \text{für alle } (x, t) \in (0, 1) \times (0, T), \\
u(0, t) &= g_0(t) && \text{für alle } t \in (0, T), \\
\frac{\partial u}{\partial x}(1, t) &= g_1(t) && \text{für alle } t \in (0, T), \\
u(x, 0) &= u_0(x) && \text{für alle } x \in [0, 1], \\
\frac{\partial u}{\partial t}(x, 0) &= v_0(x) && \text{für alle } x \in [0, 1]
\end{aligned}$$

mit $g_0(t) = g_D(0, t)$ und $g_1(t) = g_N(1, t)$. Dieses Modell beschreibt z.B. das Schwingungsverhalten in einem geraden elastischen Stab. Mit den Bezeichnungen aus der Einleitung handelt es sich um den Spezialfall $E/\rho = 1$.

Für die konkreten Daten

$$f(x, t) = 0, \ g_0(t) = 0, \ g_1(t) = 0, \ u_0(x) = \sin(\omega x), \ v_0(x) = 0$$

mit $\omega = \left(k - \frac{1}{2}\right)\pi$ und $k \in \mathbb{N}$ erhält man die Lösung

$$u(x, t) = \cos(\omega t) \sin(\omega x) = \frac{1}{2}\left(\sin\left(\omega(x - t)\right) + \sin\left(\omega(x + t)\right)\right).$$

Man erkennt deutlich den Wellencharakter der Lösung. Es lässt sich leicht bestätigen, dass das Funktion $E(t)$, gegeben durch

$$E(t) = \frac{1}{2}\int_0^t \left|\frac{\partial u}{\partial t}(x, s)\right|^2 ds + \frac{1}{2}\int_0^t \left|\frac{\partial u}{\partial x}(x, s)\right|^2 ds,$$

konstant bezüglich t ist. In typischen Anwendungen hat $E(t)$ die Bedeutung einer Energie. Es gilt also für $f = g_G = g_N = 0$ Energieerhaltung, eine für die betrachtete Klasse von hyperbolischen Problemen typische Eigenschaft. Mehr dazu auf Seite 120. Im Gegensatz zum parabolischen Fall klingt die Lösung nicht ab. Die Wellengleichung besitzt nicht die Glättungseigenschaft der Wärmeleitungsgleichung.

Variationsformulierung

Bei der Herleitung einer Variationsformulierung für das Anfangsrandwertproblem einer hyperbolischen Differentialgleichung geht man völlig analog zum parabolischen Fall vor. So entsteht z.B. für das eindimensionale hyperbolische Modellproblem mit homogenen Dirichlet-Daten folgende Variationsgleichung für die gesuchte Funktion $u\colon [0, T] \longrightarrow V \subset H^1(0, 1)$:

$$\underbrace{\frac{d^2}{dt^2} \int_0^1 u(t)(x)\, v(x)\, dx}_{(u(t),\, v)_{L_2(0,1)}} + \underbrace{\int_0^1 \frac{\partial u(t)}{\partial x}(x) \frac{\partial v}{\partial x}(x)\, dx}_{a(u(t),\, v)} = \underbrace{\int_0^1 f(x, t) v(x)\, dx + g_1(t)\, v(1)}_{\langle f(t),\, v \rangle}$$

für alle $v \in V = \{w \in H^1(0, 1)\colon w(0) = 0\}$.

Funktionenräume

Die in der obigen Variationsgleichung auftretende zweite Zeitableitung ist als die zweite schwache Ableitung der reellen Funktion $t \mapsto (u(t), v)_{L_2(0,1)}$ bezüglich t zu verstehen, siehe Band 1, Seite 48, und führt auf die Definition von $u''(t) \in V^*$, gegeben durch

$$\langle u''(t), v \rangle = \frac{d^2}{dt^2}(u(t), v)_{L_2(0,1)}.$$

Für die entsprechende Abbildung $u''\colon (0, T) \longrightarrow V^*$ mit $t \mapsto u''(t)$ werden wir stets voraussetzen, dass

$$u'' \in L_2((0, T), V^*).$$

Diese Überlegungen werden in der folgenden Definition der verallgemeinerten zweiten Ableitung einer Funktion $w \in L_2((0, T), V)$ zusammengefasst:

Eine Funktion $w'' \in L_2((0, T), V^*)$ heißt *verallgemeinerte zweite Ableitung* einer   **Definition**
Funktion $w \subset L_2((0, T), V)$, falls für alle $v \in V$ die Funktion $t \mapsto \langle w''(t), v \rangle$ die schwache zweite Ableitung der Funktion $t \mapsto (w(t), v)_H$ auf $(0, T)$ ist, d.h.:

$$\int_0^T \varphi(t)\, \langle w''(t), v \rangle\, dt = \int_0^T \varphi''(t)(w(t), v)_H\, dt \quad \text{für alle } v \in V,\ \varphi \in C_0^\infty(0, T).$$

Die verallgemeinerte zweite Ableitung einer Funktion w ist, sofern sie existiert, durch diese Definition als integrierbare Funktion eindeutig bestimmt und stimmt im Falle der klassischen Differenzierbarkeit (richtig interpretiert) mit der zweiten partiellen Ableitung bezüglich t überein.

Etwas subtiler ist die Diskussion der Wohldefiniertheit der Anfangsbedingungen. Für $u \in L_2((0, T), V)$ mit $u'' \in L_2((0, T), V^*)$ lässt sich zeigen, dass unter der gegenüber dem parabolischen Fall stärkeren Voraussetzung an die verallgemeinerte erste Ableitung

$$u' \in L_2((0, T), H)$$

die Anfangsbedingungen

$$u(0) = u_0, \quad u'(0) = v_0$$

für $u_0 \in V$ und $v_0 \in H$ wohldefiniert sind. Die Voraussetzungen an die rechte Seite f der Differentialgleichung sind stärker als im parabolischen Fall:

$$f \in L_2((0, T), H).$$

Wir werden uns hier nicht mit diesen technischen Fragen beschäftigen, sondern verweisen auf die Literatur, z.B. [14], [10].

Das endgültige Variationsproblem

Zusammenfassend erhalten wir also folgende Problemformulierung: Gesucht ist $u \in L_2((0, T), V)$ mit $u' \in L_2((0, T), H)$ und $u'' \in L_2((0, T), V^*)$, sodass

$$\frac{d^2}{dt^2}(u(t), v)_H + a(u(t), v) = \langle f(t), v \rangle \quad \text{für alle } v \in V \text{ für fast alle } t \in (0, T),$$

$$u(0) = u_0,$$
$$u'(0) = v_0$$

mit den Hilbert-Räumen

$$H = L_2(0, 1), \quad V = \{v \in H^1(0, 1) : v(0) = 0\}$$

und

$$a(w, v) = \int_0^1 \frac{\partial w}{\partial x}(x) \frac{\partial v}{\partial x}(x)\, dx, \quad \langle f(t), v \rangle = \int_0^1 f(x, t)\, v(x)\, dx + g_1(t)\, v(1).$$

Das abstrakte Problem

Motiviert durch das Modellproblem betrachten wir das folgende abstrakte Problem: Gesucht ist $u \in L_2((0, T), V)$ mit $u' \in L_2((0, T), H)$ und $u'' \in L_2((0, T), V^*)$, sodass

$$\frac{d^2}{dt^2}(u(t), v)_H + a(u(t), v) = \langle f(t), v \rangle \quad \text{für alle } v \in V$$

$$\text{für fast alle } t \in (0, T), \qquad (6.1)$$

$$u(0) = u_0,$$
$$u'(0) = v_0$$

für gegebene Daten

$$u_0 \in V, \quad v_0 \in H, \quad f \in L_2((0, T), H)$$

und mit einer Bilinearform $a(w, v)$ auf V, die folgende Voraussetzungen erfüllt:

1. a ist elliptisch, d.h.: es gibt eine Konstante $\mu_1 > 0$ mit

$$a(v, v) \geq \mu_1 \|v\|_V^2 \quad \text{für alle } v \in V \tag{V1}$$

   und

2. a ist beschränkt, d.h.: es gibt eine Konstante $\mu_2 > 0$ mit

$$|a(w, v)| \leq \mu_2 \|w\|_V \|v\|_V \quad \text{für alle } w, v \in V. \tag{V2}$$

Die Hilbert-Räume H und V sollen ein Evolutionstripel

$$V \subset H \subset V^*$$

bilden, siehe Seite 13.

Diese Bedingungen sind für das Modellproblem erfüllt.

In Operatorschreibweise lautet die Differentialgleichung in (6.1):

$$u'' + Au = f \quad \text{in} \quad L_2((0, T), V^*).$$

Für die Analyse hyperbolischer Probleme gelten ähnliche Aussagen wie für den parabolischen Fall: Die numerische Methode liefert die Existenz einer Lösung des unendlich-dimensionalen Problems. Wir verzichten daher auch hier auf die Diskussion der Korrektgestelltheit, da wir daraus keinen entscheidenden Gewinn für das Verständnis der numerischen Methode ziehen können. Wir begnügen uns damit, das Ergebnis dieser Analyse zu präsentieren und verweisen bezüglich des Beweises auf die Literatur, siehe z.B. [14]:

Seien V und H separable Hilbert-Räume, die ein Evolutionstripel bilden und sei $\quad$ Satz a eine Bilinearform auf V mit den Eigenschaften (V1) und (V2). Dann gibt es für Daten

$$u_0 \in V, \quad v_0 \in H, \quad f \in L_2((0, T), H)$$

eine eindeutige Lösung $u \in L_2((0, T), V)$ des Anfangsrandwertproblems (6.1) mit $u' \in L_2((0, T), H), u'' \in L_2((0, T), V^*)$ und es gilt:

$$\|u\|_{L_2((0,T),V)} + \|u'\|_{L_2((0,T),H)} \leq C \left(\|u_0\|_V + \|v_0\|_H + \|f\|_{L_2((0,T),H)} \right)$$

mit einer von u, u_0, v_0 und f unabhängigen Konstanten C.

Bemerkung. Wie im parabolischen Fall gilt der obige Satz auch unter der im Allgemeinen schwächeren Voraussetzung, dass anstelle von (V1) eine Gårding-Ungleichung, siehe Übungsaufgabe 2, für a erfüllt ist.

Der folgende Satz verdeutlicht das typische Verhalten von Lösungen hyperbolischer Probleme. Ähnliche Abschätzungen werden auch bei der Analyse der numerischen Methoden für hyperbolische Probleme von großer Bedeutung sein:

Satz

Unter den Voraussetzungen des letzten Satzes gilt

$$\|U(t)\|_E \le \|U_0\|_E + \int_0^t \|f(s)\|_H \, ds \quad \text{für alle } t \in (0, T)$$

mit

$$U(t) = \begin{bmatrix} u(t) \\ u'(t) \end{bmatrix} \quad \text{und} \quad U_0 = \begin{bmatrix} u_0 \\ v_0 \end{bmatrix}$$

und der E-Norm, gegeben durch

$$\|U\|_E^2 = \|u\|_A^2 + \|v\|_H^2 \quad \text{für} \quad U = \begin{bmatrix} u \\ v \end{bmatrix}.$$

Für $f = 0$ gilt sogar Gleichheit:

$$\|U(t)\|_E = \|U_0\|_E \quad \text{für alle } t \in (0, T).$$

Beweis. Wir führen den Beweis nur für den Fall $u \in C^2([0, T], V)$. Siehe [14] und [10] für den allgemeinen Fall.

Setzt man in (6.1) speziell $v = u'(t)$, so erhält man

$$(u''(t), u'(t))_H + a(u(t), u'(t)) = (f(t), u'(t))_H \quad \text{für alle } t \in (0, T).$$

Nun gilt

$$(u''(t), u'(t))_H = \frac{1}{2} \frac{d}{dt} (u'(t), u'(t))_H$$

und, da a symmetrisch ist:

$$a(u(t), u'(t)) = \frac{1}{2} \frac{d}{dt} a(u(t), u(t)).$$

Damit folgt für alle $t \in (0, T)$ mit $U(t) \ne 0$:

$$\begin{aligned}
\|U(t)\|_E \frac{d}{dt} \|U(t)\|_E &= \frac{1}{2} \frac{d}{dt} \|U(t)\|_E^2 = \frac{1}{2} \frac{d}{dt} \Big[(u'(t), u'(t))_H + a(u(t), u(t)) \Big] \\
&= (u''(t), u'(t))_H + a(u(t), u'(t)) = (f(t), u'(t))_H \\
&\le \|f(t)\|_H \|u'(t)\|_H \le \|f(t)\|_H \|U(t)\|_E.
\end{aligned}$$

Wie im Beweis des Satzes auf Seite 14 für den parabolischen Fall erhält man daraus

$$\frac{d}{dt} \|U(t)\|_E \le \|f(t)\|_H \quad \text{für fast alle } t \in (0, T)$$

und nach Integration schließlich die Behauptung. Für $f = 0$ folgt aus den obigen Überlegungen sofort

$$\frac{d}{dt} \|U(t)\|_E^2 = 0 \quad \text{für alle } t \in (0, T)$$

und damit der zweite Teil des Satzes. $\qquad\square$

In typischen Anwendungen ist das Funktional $E(t)$, gegeben durch

$$E(t) = \frac{1}{2}\|U(t)\|_E^2 = \frac{1}{2}\big((u'(t), u'(t))_H + a(u(t), u(t))\big) \tag{6.2}$$

als Gesamtenergie interpretierbar, die sich aus kinetischer und potentieller Energie zusammensetzt. Der zweite Teil des letzten Satzes sichert dann für $f = 0$ die Energieerhaltung, siehe auch das eindimensionale Modellproblem auf Seite 116, wo wir diese Eigenschaften im Einzelfall bereits beobachtet haben.

Semi-Diskretisierung

Wie im parabolischen Fall setzen wir der Einfachheit halber voraus, dass die Funktionen $t \mapsto \langle f(t), v\rangle$ für alle $v \in V$ auf $[0, T]$ stetig sind, und diskretisieren zunächst bezüglich der Ortsvariablen mit einer Galerkin-Methode: Der unendlich-dimensionale Raum V wird durch einen geeigneten endlich-dimensionalen Raum V_h ersetzt. Wir erhalten dadurch folgendes Variationsproblem für die Näherungslösung $u_h \colon [0, T] \longrightarrow V_h$:

$$\frac{d^2}{dt^2}(u_h(t), v_h)_H + a(u_h(t), v_h) = \langle f(t), v_h\rangle \quad \text{für alle } v_h \in V_h, \ t \in (0, T),$$

$$(u_h(0), v_h)_V = (u_0, v_h)_V \quad \text{für alle } v_h \in V_h, \tag{6.3}$$

$$(u_h'(0), v_h)_H = (v_0, v_h)_H \quad \text{für alle } v_h \in V_h.$$

Wir wählen eine Basis $\{\varphi_i \colon i = 1, 2, \ldots, n_h\}$ von V_h, stellen für die gesuchte Näherungslösung den Ansatz

$$u_h(t)(x) = \sum_{k=1}^{n_h} u_k(t)\,\varphi_k(x)$$

auf und erhalten die folgende äquivalente Form des obigen Variationsproblems für die Funktion $\underline{u}_h \colon [0, T] \longrightarrow \mathbb{R}^{n_h}$, gegeben durch $\underline{u}_h(t) = (u_i(t))_{i=1,\ldots,n_h}$:

$$M_h\underline{u}_h''(t) + K_h\underline{u}_h(t) = \underline{f}_h(t) \quad \text{für alle } t \in (0, T),$$

$$K_h u_h(0) = \underline{g}_h,$$

$$M_h u_h'(0) = \underline{h}_h$$

mit der Massenmatrix M_h, der Steifigkeitsmatrix K_h und der rechten Seite $\underline{f}_h(t)$ wie im parabolischen Fall, siehe Seite 20, und den Vektoren

$$\underline{g}_h = (g_i)_{i=1,\ldots,n_h}, \quad g_i = (u_0, \varphi_i)_V,$$

$$\underline{h}_h = (h_i)_{i=1,\ldots,n_h}, \quad h_i = (v_0, \varphi_i)_H.$$

Es entsteht also ein Anfangswertproblem eines Systems von gewöhnlichen Differentialgleichungen 2. Ordnung, das häufig in der Standardform

$$u''(t) = f(t, u(t)) \quad \text{für alle } t \in (0, T),$$
$$u(0) = u_0,$$
$$u'(0) = v_0$$

für die gesuchte Funktion $u \colon [0, T] \longrightarrow \mathbb{R}^n$ und die gegebenen Daten f, u_0 und v_0 geschrieben wird. Der von uns diskutierte Fall eines semi-diskretisierten hyperbolischen Anfangsrandwertproblems passt in diesen Rahmen:

$$\underline{u}_h''(t) = M_h^{-1} \left[\underline{f}_h(t) - K_h \underline{u}_h(t) \right] \quad \text{für alle } t \in (0, T),$$
$$\underline{u}_h(0) = K_h^{-1} \underline{g}_h,$$
$$\underline{u}_h'(0) = M_h^{-1} \underline{h}_h.$$

Existenz und Eindeutigkeit der Näherungslösung folgen direkt aus dem Satz von Picard-Lindelöf, siehe die kurze Diskussion im nächsten Kapitel auf Seite 128.

Der Diskretisierungsfehler

Der Einfachheit halber setzen wir voraus, dass

$$u \in C^2([0, T], V).$$

Dann lässt sich die verallgemeinerte zweite Ableitung von u an der Stelle $t \in (0, T)$ als Funktional $v \mapsto (u''(t), v)_H$ darstellen, wobei hier $u''(t)$ die klassische zweite Ableitung von u an der Stelle $t \in [0, T]$ bezeichnet.

Wir spalten den Diskretisierungsfehler wieder in zwei Teile auf:

$$u(t) - u_h(t) = \underbrace{u(t) - R_h u(t)}_{\rho_h(t)} + \underbrace{R_h u(t) - u_h(t)}_{\theta_h(t)}.$$

Dann gilt:

$$u'(t) - u_h'(t) = \rho_h'(t) + \theta_h'(t) \quad \text{und} \quad u''(t) - u_h''(t) = \rho_h''(t) + \theta_h''(t).$$

Aus der Definition des Ritz-Projektors und der ersten Zeile von (6.1) erhält man

$$(u''(t), v_h)_H + a(R_h u(t), v_h) = (u''(t), v_h)_H + a(u(t), v_h)$$
$$= \langle f(t), v_h \rangle \quad \text{für alle } v_h \in V_h, \ t \in (0, T).$$

Wegen der ersten Zeile in (6.3) gilt:

$$(u_h''(t), v_h)_H + a(u_h(t), v_h) = \langle f(t), v_h \rangle \quad \text{für alle } v_h \in V_h, \ t \in (0, T).$$

Damit folgt durch Subtraktion:

$$\underbrace{(u''(t) - u_h''(t), v_h)_H}_{\rho_h''(t) + \theta_h''(t)} + a(\underbrace{R_h u(t) - u_h(t)}_{\theta_h(t)}, v_h) = 0 \quad \text{für alle } v_h \in V_h, \ t \in (0, T).$$

Also gilt:

$$(\theta_h''(t), v_h)_H + a(\theta_h(t), v_h) = -(\rho_h''(t), v_h)_H \quad \text{für alle } v_h \in V_h, \ t \in (0, T).$$

Daraus folgt völlig analog wie im Beweis des Satzes auf Seite 120 :

Sei u die Lösung von (6.1) und es gelte $u \in C^2([0, T], V)$. Dann folgt: **Lemma**

$$\|\Theta_h(t)\|_E \leq \|\Theta_h(0)\|_E + \int_0^t \|\rho_h''(s)\|_H \, ds \quad \text{für alle } t \in [0, T]$$

mit

$$\Theta_h(t) = \begin{bmatrix} \theta_h(t) \\ \theta_h'(t) \end{bmatrix}.$$

Nach diesen Vorbereitungen erhalten wir folgende Fehlerabschätzung:

Sei u die Lösung von (6.1) und es gelte $u \in C^2([0, T], V)$. Dann folgt für alle   **Satz**
$t \in [0, T]$:

$$\|u(t) - u_h(t)\|_A$$

$$\leq \|R_h u'(0) - u_h'(0)\|_H + \int_0^t \|(I - R_h)u''(s)\|_H \, ds + \|[I - R_h]u(t)\|_A$$

und

$$\|u'(t) - u_h'(t)\|_H$$

$$\leq \|R_h u'(0) - u_h'(0)\|_H + \int_0^t \|(I - R_h)u''(s)\|_H \, ds + \|[I - R_h]u'(t)\|_H.$$

Beweis. Wegen $u(t) - u_h(t) = \rho_h(t) + \theta_h(t)$ gilt:

$$\|u(t) - u_h(t)\|_A \leq \|\rho_h(t)\|_A + \|\theta_h(t)\|_A \leq \|\rho_h(t)\|_A + \|\Theta_h(t)\|_E.$$

Wegen $u'(t) - u_h'(t) = \rho_h'(t) + \theta_h'(t)$ gilt:

$$\|u'(t) - u_h'(t)\|_H \leq \|\rho_h'(t)\|_H + \|\theta_h'(t)\|_H \leq \|\rho_h'(t)\|_H + \|\Theta_h(t)\|_E.$$

Mit

$$\|\rho_h(t)\|_A = \|[I - R_h]u(t)\|_A, \quad \|\rho_h'(t)\|_H = \|[I - R_h]u'(t)\|_H$$

und der Abschätzung

$$\|\Theta_h(t)\|_E \leq \|\Theta_h(0)\|_E + \int_0^t \|\rho_h''(s)\|_H \, ds \quad \text{mit} \quad \|\rho_h''(s)\|_H = \|[I - R_h]u''(s)\|_H$$

aus dem letzten Lemma folgen wegen

$$\theta_h(0) = R_h u(0) - u_h(0) = 0, \quad \theta_h'(0) = R_h u'(0) - u_h'(0)$$

sofort die beiden Ungleichungen. $\square$

Anwendung auf das hyperbolische Modellproblem

Wir betrachten nun die Variationsformulierung des eindimensionalen hyperbolischen Modellproblems (Wellengleichung), siehe Seite 118. Zur Ortsdiskretisierung verwenden wir die Finite-Elemente-Methode mit dem Courant-Element, siehe Band 1, Seite 36, auf einer Zerlegung $\mathcal{T}_h$ des Intervalls $(0, 1)$.

Wir haben es hier mit den folgenden konkreten Normen zu tun:

$$\|w\|_H = \|w\|_{L_2(0,1)} \quad \text{und} \quad \|w\|_A = |w|_{H^1(0,1)}$$

und erhalten als Folgerung des Satzes auf Seite 123 folgende Fehlerabschätzungen:

Satz

Sei u die Lösung des eindimensionalen hyperbolischen Modellproblems und es gelte $u \in C^2([0, T], V \cap H^2(0, 1))$. Dann gibt es eine (von h unabhängige) Konstante $C > 0$, sodass

$$|u(t) - u_h(t)|_{H^1(0,1)}$$
$$\leq C\,h \left[|u(t)|_{H^2(0,1)} + h \left(|v_0|_{H^2(0,1)} + \int_0^t |u''(s)|_{H^2(0,1)} \, ds \right) \right]$$

und

$$\|u'(t) - u_h'(t)\|_{L_2(0,1)}$$
$$\leq C\,h^2 \left[|v_0|_{H^2(0,1)} + \int_0^t |u''(s)|_{H^2(0,1)} \, ds + |u'(t)|_{H^2(0,1)} \right]$$

für alle $t \in [0, T]$.

Wir verzichten auf den Beweis, der völlig analog zum Beweis des Satzes auf Seite 28 verläuft.

Das semi-diskretisierte hyperbolische Problem besitzt also die gleiche Genauigkeit in h wie für das zugeordnete elliptische Problem, kurz:

$$|u(t) - u_h(t)|_{H^1(0,1)} = \mathcal{O}(h) \quad \text{und} \quad \|u'(t) - u'_h(t)\|_{L_2(0,1)} = \mathcal{O}(h^2) \quad \text{für } h \to 0.$$

Ergänzende Hinweise

Detaillierte Informationen zum funktionalanalytischen Hintergrund hyperbolischer Probleme findet man z.B. in [14], Kapitel 24 und in [10]. Zur Semi-Diskretisierung wird wie im parabolischen Fall auf [9] verwiesen.

Übungsaufgaben

Für alle Übungsaufgaben gelten die Voraussetzungen: $u \in C^2([0, T], V)$ und $f \in C([0, T], H)$.

30. Zeigen Sie folgende Identität für das in (6.2) definierte Funktional $E(t)$:

$$\frac{d}{dt} E(t) = (f(t), u'(t))_H \quad \text{für alle } t \in (0, T)$$

und folgern Sie daraus

$$E(t) = E(0) + \int_0^t (f(s), u'(s))_H \, ds \quad \text{für alle } t \in (0, T).$$

Hinweis: Beachten Sie, dass

$$\frac{d^2}{dt^2} (u(t), v)_H = (u''(t), v_h)_H$$

und wählen Sie $v = u'(t)$ in der ersten Zeile von (6.1).

Im Kontext der Mechanik besagt die obige Identität, dass die zeitliche Änderung der Energie gleich der zugeführten Leistung ist, die durch die äußere Kraft verrichtet wird (Energiebilanz in nicht-abgeschlossenen Systemen).

31. Zeigen Sie die Abschätzung

$$\|u\|_{L_2((0,T),V)} + \|u'\|_{L_2((0,T),H)} \leq C \left(\|u_0\|_V + \|v_0\|_H + \|f\|_{L_2((0,T),H)} \right)$$

mit einer von u, u_0, v_0 und f unabhängigen Konstanten C.

Hinweis: Quadrieren und integrieren Sie die Ungleichung (siehe Seite 120)

$$\|U(t)\|_E \leq \|U_0\|_E + \int_0^t \|f(s)\|_H \, ds \quad \text{für alle } t \in (0, T).$$

32. Zeigen Sie folgende (so genannte a priori) Schranke für Näherungslösungen:

$$\|u_h\|_{L_2((0,T),V)} + \|u'_h\|_{L_2((0,T),H)} < C \left(\|u_0\|_V + \|v_0\|_H + \|f\|_{L_2((0,T),H)} \right)$$

mit einer von h unabhängigen Konstanten C. Siehe auch Übungsaufgabe 9 auf Seite 29.

33. Zeigen Sie:

$$\|u(t) - u_h(t)\|_H \leq \|[I - R_h]u(t)\|_H$$
$$+ t \left[\|R_h u'(0) - u'_h(0)\|_H + \int_0^t \|(I - R_h)u''(s)\|_H \, ds \right].$$

Hinweis: Beachten Sie, dass

$$\theta_h(t) = \int_0^t \theta_h'(s)\,ds \quad \text{und} \quad \|\theta_h'(s)\|_H \leq \|\Theta_h(s)\|_E.$$

34. Sei $u \in C^2([0, T], V \cap H^2(0, 1))$. Welche Folgerungen erhält man aus Übungsaufgabe 33 für den Diskretisierungsfehler $u(t) - u_h(t)$ des eindimensionalen hyperbolischen Modellproblems in der L_2-Norm?

35. Sei $u \in C^2([0, T], V \cap H^2(0, 1))$. Diskutieren Sie analog zu Übungsaufgabe 11 die Auswirkungen der Verwendung der Startapproximationen $u_h(0) = R_h u_0$ und $u_h'(0) = I_h v_0$ auf den Diskretisierungsfehler in der E-Norm für das eindimensionale hyperbolische Modellproblem. (I_h bezeichnet den in Band 1, Seite 47, eingeführten Interpolationsoperator.)

7 Runge-Kutta-Verfahren für Anfangswertprobleme 2. Ordnung

Wir beginnen zunächst mit der Konstruktion von Näherungslösungen für Anfangswertprobleme 2. Ordnung der allgemeinen Form

$$u''(t) = f(t, u(t)) \quad \text{für alle } t \in (0, T),$$
$$u(0) = u_0,$$
$$u'(0) = v_0 \tag{7.1}$$

und nehmen erst später Bezug auf die speziellen Problemstellungen dieser Art, die wir durch Semi-Diskretisierung hyperbolischer Probleme erhalten haben.

Durch einen einfachen Trick lässt sich (7.1) in ein Anfangswertproblem 1. Ordnung umwandeln. Dazu führen wir eine neue Funktion ein:

$$v(t) = u'(t).$$

Aus der obigen Differentialgleichung 2. Ordnung entsteht dann ein System von zwei Differentialgleichungen 1. Ordnung:

$$u'(t) = v(t),$$
$$v'(t) = f(t, u(t)).$$

Also erhalten wir das zu (7.1) äquivalente Anfangswertproblem 1. Ordnung:

$$U'(t) = F(t, U(t)) \quad \text{für alle } t \in (0, T),$$
$$U(0) = U_0 \tag{7.2}$$

mit

$$U(t) = \begin{bmatrix} u(t) \\ v(t) \end{bmatrix}, \quad U_0 = \begin{bmatrix} u_0 \\ v_0 \end{bmatrix} \quad \text{und} \quad F(t, U) = \begin{bmatrix} v \\ f(t, u) \end{bmatrix} \quad \text{für} \quad U = \begin{bmatrix} u \\ v \end{bmatrix}.$$

Damit stehen uns alle bereits diskutierten Begriffe, Aussagen und Verfahren zur Lösung von Anfangswertproblemen 1. Ordnung auch für Anfangswertprobleme 2. Ordnung zur Verfügung.

Bemerkung. Die Differentialgleichung in (7.1) ist ein Spezialfall der allgemeineren Differentialgleichung

$$u''(t) = f(t, u(t), u'(t)) \quad \text{für alle } t \in (0, T).$$

Wir beschränken uns in der folgenden Diskussion auf Probleme der Form (7.1). Vieles lässt sich leicht auf den allgemeineren Fall übertragen.

Wir werden nun kurz die Existenz einer Lösung und die Konstruktion und Analyse von Runge-Kutta-Verfahren besprechen und auf die speziellen Eigenschaften eingehen, die sich für Anfangswertprobleme 2. Ordnung zusätzlich ergeben.

Existenz und Eindeutigkeit einer Lösung

Existenz und Eindeutigkeit einer Lösung des Anfangswertproblems (7.1) folgen aus dem Satz von Picard-Lindelöf, angewendet auf (7.2), falls f stetig ist und die Lipschitz-Bedingung

$$\|f(t, w) - f(t, v)\| \leq L \|w - v\| \quad \text{für alle } t \in [0, T], \ v, w \in \mathbb{R}^n$$

erfüllt. Die erste Komponente der rechten Seite $F(t, U)$ in (7.2) ist natürlich stetig und erfüllt trivialerweise eine Lipschitz-Bedingung, die obige Lipschitz-Bedingung von $f(t, u)$ bezüglich u garantiert dann eine Lipschitz-Bedingung für die gesamte rechte Seite $F(t, U)$ bezüglich U.

Runge-Kutta-Verfahren

Alle bereits diskutierten Runge-Kutta-Verfahren, angewendet auf (7.2), stehen zur Berechnung einer Näherung von Anfangswertproblemen 2. Ordnung zur Verfügung.

Der Einfachheit halber setzen wir von nun an voraus, dass die Zeitschrittweiten konstant sind:

$$\tau_j = \tau \quad \text{für } j = 0, 1, \ldots, m - 1.$$

Dadurch wird die Diskussion an einigen Stellen beträchtlich einfacher, und die Konzentration auf das Wesentliche fällt leichter.

Beispiel   Das θ-Verfahren für (7.2) lautet:

$$U_{j+1} = U_j + \tau \left[(1 - \theta)F(t_j, U_j) + \theta F(t_{j+1}, U_{j+1}) \right].$$

Aufgrund der speziellen Struktur von $F(t, U)$ erhalten wir

$$\begin{aligned}
u_{j+1} &= u_j + \tau \left[(1 - \theta)v_j + \theta v_{j+1} \right], \\
v_{j+1} &= v_j + \tau \left[(1 - \theta)f(t_j, u_j) + \theta f(t_{j+1}, u_{j+1}) \right]
\end{aligned} \tag{7.3}$$

für die Näherungen $U_k = (u_k, v_k)^T$ der exakten Lösung $U(t_k) = (u(t_k), u'(t_k))^T$.

Man kann dieses Verfahren auch ohne die (Hilfs-)Größen v_k, $k \geq 1$, darstellen: Ersetzt man in der zweiten Zeile den Index j durch $j - 1$, so folgt

$$v_j = v_{j-1} + \tau \left[(1 - \theta) f(t_{j-1}, u_{j-1}) + \theta f(t_j, u_j) \right].$$

Addiert man das $(1 - \theta)$-fache dieser Zeile und das θ-fache der ursprünglichen zweiten Zeile, so erhält man für $v_k^* = (1 - \theta)\, v_{k-1} + \theta\, v_k$:

$$
\begin{aligned}
v_{j+1}^* = v_j^* \\
+ \tau \left[(1 - \theta)^2 f(t_{j-1}, u_{j-1}) + 2\theta(1 - \theta) f(t_j, u_j) + \theta^2 f(t_{j+1}, u_{j+1}) \right].
\end{aligned}
\tag{7.4}
$$

Mit dieser Bezeichnung lautet die erste Zeile:

$$u_{j+1} = u_j + \tau\, v_{j+1}^*, \quad \text{also} \quad v_{j+1}^* = \frac{1}{\tau}(u_{j+1} - u_j).$$

Damit lassen sich die Hilfsgrößen v_k^* in (7.4) eliminieren und man erhält schließlich

$$
\begin{aligned}
u_{j+1} - 2u_j + u_{j-1} \\
= \tau^2 \left[(1 - \theta)^2 f(t_{j-1}, u_{j-1}) + 2\theta(1 - \theta) f(t_j, u_j) + \theta^2 f(t_{j+1}, u_{j+1}) \right].
\end{aligned}
$$

Wir haben also eine äquivalente Darstellung des θ-Verfahrens als ein so genanntes Zweischrittverfahren hergeleitet: Zur Berechnung der Näherung im Zeitpunkt t_{j+1} benötigt man die Näherungen in den beiden vorangegangenen Zeitpunkten t_j und t_{j-1}. Zum Start des Zweischrittverfahrens sind die zwei Näherungen u_0 und u_1 erforderlich. Der Wert u_0 ist direkt durch die Anfangsbedingung gegeben, für den Wert u_1 erhält man (nach Elimination von v_1 in der ersten Zeile von (7.3) mit Hilfe der zweiten Zeile) die Bedingungsgleichung

$$u_1 - u_0 - \tau v_0 = \tau^2 \theta \left[(1 - \theta) f(t_0, u_0) + \theta f(t_1, u_1) \right]$$

in Abhängigkeit von den gegebenen Anfangswerten u_0 und v_0.

Außer im Fall $\theta = 0$ ist das θ-Verfahren ein implizites Verfahren. In jedem Zeitschritt ist ein lineares oder ein nichtlineares Gleichungssystem zu lösen, um die nächste Näherung u_{j+1} zu berechnen, je nachdem, ob $f(t, u)$ (affin) linear oder nichtlinear von u abhängt.

Für das implizite Euler-Verfahrens ($\theta = 1$) erhalten wir im Speziellen:

$$
\begin{aligned}
u_{j+1} - 2u_j + u_{j-1} &= \tau^2 f(t_{j+1}, u_{j+1}) \quad \text{für } j \geq 1, \\
u_1 - u_0 - \tau v_0 &= \tau^2 f(t_1, u_1).
\end{aligned}
$$

Dividiert man beide Gleichungen durch τ^2, so folgt

$$\frac{1}{\tau^2} \left(u_{j+1} - 2u_j + u_{j-1} \right) = f(t_{j+1}, u_{j+1}), \tag{7.5}$$

$$\frac{1}{\tau^2} \left(u_1 - u_0 - \tau v_0 \right) = f(t_1, u_1). \tag{7.6}$$

Vergleicht man (7.5) mit der ursprüngliche Form der Differentialgleichung

$$u''(t) = f(t, u(t)),$$

so erkennt man, dass das implizite Euler-Verfahren als jene Finite-Differenzen-Methode interpretiert werden kann, bei der die zweite Zeitableitung an der Stelle $t = t_{j+1}$ mit $j \geq 1$ durch den Differenzenquotienten

$$\frac{1}{\tau^2}\left(u(t_{j+1}) - 2u(t_j) + u(t_{j-1})\right)$$

ersetzt wird. Eine analoge Interpretation gibt es für (7.6).

Konvergenzanalyse

Alle Aussagen über den Diskretisierungsfehler aus den Kapiteln 4 und 5 stehen natürlich auch für (7.2) zur Verfügung. Einschrittverfahren haben die Form

$$U_{j+1} = U_j + \tau\,\Phi(t_j,\, U_j,\, \tau)$$

mit einer Inkrementfunktion $\Phi(t,\, U,\, \tau)$. Sie lassen sich in Form einer Näherungsgleichung

$$\Psi_\tau(U_\tau) = 0$$

schreiben, wobei $\Psi_\tau(V_\tau)\colon t_k \mapsto \Psi_k(V_\tau)$ für eine Gitterfunktion $V_\tau\colon t_k \mapsto V_k$ durch

$$\Psi_{j+1}(V_\tau) = \frac{1}{\tau}(V_{j+1} - V_j) - \Phi(t_j,\, V_j,\, \tau)$$

für $j = 0, 1, \ldots, m - 1$ und $\Psi_0(V_\tau) = V_0 - U_0$ gegeben ist.

Die Runge-Kutta-Verfahren sind stabil, falls die rechte Seite der Differentialgleichung in (7.2) eine Lipschitz-Bedingung erfüllt, was natürlich garantiert ist, falls die ursprüngliche rechte Seite eine Lipschitz-Bedingung erfüllt.

Für stabile Verfahren führen Abschätzungen des Konsistenzfehlers dann auf entsprechende Abschätzungen des Diskretisierungsfehlers.

Für kontraktive Verfahren gilt folgende spezielle Stabilitätsabschätzung:

$$\left\| U(t_j) - U_j \right\| \leq \tau\,\left\| \Psi_1(U) \right\| + \ldots + \tau\,\left\| \Psi_j(U) \right\|, \tag{7.7}$$

siehe die Folgerung auf Seite 76.

Wir werden uns nun detaillierter mit einem wichtigen Spezialfall beschäftigen.

■ 7.1
Lineare Differentialgleichungen mit konstanten Koeffizienten

Wir betrachten Anfangswertprobleme für lineare Systeme 2. Ordnung der Form

$$u''(t) + Au(t) = f(t) \quad t \in (0, T),$$
$$u(0) = u_0,$$
$$u'(0) = v_0$$

(7.8)

mit einer selbstadjungierten und positiv definiten Matrix $A \in \mathbb{R}^{n \times n}$ bezüglich eines Skalarproduktes $(\cdot, \cdot)$ in $\mathbb{R}^n$. In diese Kategorie fallen die semi-diskretisierten hyperbolischen Probleme des letzten Kapitels.

Für das äquivalente System 1. Ordnung erhalten wir:

$$u'(t) = v(t),$$
$$v'(t) = -Au(t) + f(t),$$

(7.9)

also

$$U(t)' = JU(t) + F(t) \quad \text{mit} \quad J = \begin{bmatrix} 0 & I \\ -A & 0 \end{bmatrix}, \ U(t) = \begin{bmatrix} u(t) \\ v(t) \end{bmatrix}, \ F(t) = \begin{bmatrix} 0 \\ f(t) \end{bmatrix}.$$

Die Begriffe Dissipativität und Kontraktivität stehen natürlich auch für dieses System 1. Ordnung zur Verfügung, sofern man ein geeignetes Skalarprodukt in $\mathbb{R}^n \times \mathbb{R}^n$ einführt. Wir konzentrieren uns auf das E-Skalarprodukt, gegeben durch:

$$\left(U^{(1)}, U^{(2)}\right)_E = (u^{(1)}, u^{(2)})_A + (v^{(1)}, v^{(2)}) \quad \text{für} \quad U^{(i)} = \begin{bmatrix} u^{(i)} \\ v^{(i)} \end{bmatrix} \quad \text{für } i = 1, 2$$

und dem A-Skalarprodukt

$$(u^{(1)}, u^{(2)})_A = (Au^{(1)}, u^{(2)}).$$

Für die dazugehörige E-Norm erhält man:

$$\|U\|_E^2 = \left(U, U\right)_E = (u, u)_A + (v, v) = \|u\|_A^2 + \|v\|^2$$

Es gilt:

$$\left(JU, U\right)_E = (Av, u) - (Au, v) = 0 \quad \text{für alle } U = \begin{bmatrix} u \\ v \end{bmatrix} \in \mathbb{R}^n \times \mathbb{R}^n.$$

(7.10)

Das System 1. Ordnung ist daher dissipativ.

Verwendet man ein A-stabiles Runge-Kutta-Verfahren zur Lösung dieses dissipativen Problems, so ist dieses Verfahren für alle Zeitschrittweiten kontraktiv, siehe den Satz auf Seite 101.

Um weitere wichtige Eigenschaften von J herzuleiten, benutzen wir das folgende einfache Hilfsresultat.

Lemma

Falls eine Matrix $M \in \mathbb{R}^{n \times n}$ die Bedingung

$$(Mv, v) = 0 \quad \text{für alle } v \in \mathbb{R}^n$$

erfüllt, dann ist die Matrix antisymmetrisch: $M^* = -M$, daher auch normal, und alle Eigenwerte von M sind rein imaginär.

Beweis. Für alle $v, w \in \mathbb{R}^n$ gilt:

$$0 = (M(v + w), v + w) = \underbrace{(Mv, v)}_{= 0} + (Mv, w) + (Mw, v) + \underbrace{(Mw, w)}_{= 0}.$$

Also folgt: $(M^* v, w) = (v, Mw) = (Mw, v) = -(Mv, w)$ und damit $M^* = -M$. Diese Eigenschaft bleibt erhalten, wenn man M als eine Matrix in $\mathbb{C}^n$ mit der entsprechenden Erweiterung des Skalarproduktes betrachtet.

Wegen $M^* M = MM^* = -M^2$ ist M normal.

Sei nun $e \in \mathbb{C}^n$ ein Eigenvektor von M mit Eigenwert $\lambda \in \mathbb{C}$. Dann gilt:

$$\lambda(e, e) = (\lambda e, e) = (Me, e) = (e, M^* e) = -(e, Me) = -(e, \lambda e) = -\overline{\lambda}(e, e),$$

wobei $\overline{\lambda}$ die komplex Konjugierte von λ bezeichnet. Wegen $(e, e) = \|e\|^2 \neq 0$, folgt: $\lambda = -\overline{\lambda}$, also $\operatorname{Re} \lambda = 0$. $\qquad \square$

Aus diesem Lemmas und aus (7.10) folgt, dass J bezüglich des E-Skalarproduktes antisymmetrisch ist und nur rein-imaginäre Eigenwerte besitzt. Die Eigenwerte von J lassen sich noch genauer beschreiben: Sei $\lambda \in \mathbb{C}$ ein Eigenwert von J mit Eigenvektor $(e, f)^T \in \mathbb{C}^n \times \mathbb{C}^n$, also

$$\begin{bmatrix} 0 & I \\ -A & 0 \end{bmatrix} \begin{bmatrix} e \\ f \end{bmatrix} = \lambda \begin{bmatrix} e \\ f \end{bmatrix}.$$

Mit Hilfe der ersten Zeile lässt sich f eliminieren und man erhält:

$$Ae = -\lambda^2 e.$$

Die Eigenwerte λ von J sind also mit den Eigenwerten μ von A durch die Beziehung $-\lambda^2 = \mu$ verknüpft, daher folgt:

$$\lambda = \pm i \sqrt{\mu}.$$

Die Eigenwerte sind also symmetrisch auf der imaginären Achse angeordnet.

Beispiel

Die Semi-Diskretisierung der in Kapitel 6 betrachteten hyperbolischen Probleme führte auf ein lineares System 2. Ordnung

$$\underline{u}_h''(t) = M_h^{-1} \left[\underline{f}_h(t) - K_h \underline{u}_h(t) \right]$$

mit symmetrischen und positiv definiten Matrizen M_h und K_h. Diese Differentialgleichung ist also von der obigen Form mit der Matrix $A = M_h^{-1} K_h$, die bezüglich des M_h-Skalarproduktes selbstadjungiert und positiv definit ist. Also sind alle Voraussetzungen erfüllt. Daher folgt im Speziellen, dass dieses Problem dissipativ ist. Die rechte Seite erfüllt eine Lipschitz-Bedingung mit Lipschitz-Konstante $L = \|J_h\|_E = \rho(J_h)$, siehe das Lemma auf Seite 86. Aus dem obigen Zusammenhang zwischen den Eigenwerte von $J = J_h$ und $A = M_h^{-1}K_h$ folgt dann

$$L = \rho(J_h) = \sqrt{\rho(M_h^{-1}K_h)}.$$

Ähnlich wie im parabolischen Fall wird die Lipschitz-Konstante für kleine Schrittweiten h sehr groß. Das Problem ist steif. Die in diesem Kapitel eingeführte E-Norm entspricht genau jener E-Norm, die im Satz auf Seite 120 eingeführt wurde.

Gegenüberstellung von parabolischen und hyperbolischen Problemen

Sowohl das semi-diskretisierte parabolische Modellproblem als auch das semi-diskretisierte hyperbolische Modellproblem führen auf lineare Systeme von Differentialgleichungen 1. Ordnung mit konstanten Koeffizienten. Die jeweilige Koeffizientenmatrix lässt sich in Abhängigkeit von der Matrix $M_h^{-1}K_h$ darstellen:

$$J_h = -M_h^{-1}K_h \text{ im parab. Fall} \quad \text{bzw.} \quad J_h = \begin{bmatrix} 0 & I \\ -M_h^{-1}K_h & 0 \end{bmatrix} \text{ im hyperb. Fall}.$$

Die Matrix $M_h^{-1}K_h$ ist selbstadjungiert und positiv definit. Ihre Eigenwerte sind positiv. Der Spektralradius von $M_h^{-1}K_h$ lässt sich für äquidistante Zerlegungen leicht abschätzen:

$$\frac{3}{h^2} \leq \rho(M_h^{-1}K_h) \leq \frac{12}{h^2},$$

siehe das Lemma auf Seite 72.

Wir stellten folgenden Zusammenhang zwischen den Eigenwerten λ von J_h und μ von $M_h^{-1}K_h$ fest:

$$\lambda = -\mu \text{ im parab. Fall} \quad \text{bzw.} \quad \lambda = \pm i\sqrt{\mu} \text{ im hyperb. Fall}.$$

In beiden Fällen gilt: λ in $\mathbb{C}^-$, beide Probleme sind also dissipativ.

Für die Lipschitz-Konstanten $L = \|J_h\| = \rho(J_h)$ folgt:

$$L = \rho(M_h^{-1}K_h) \geq \frac{3}{h^2} \quad \text{im parabolischen Fall}$$

bzw.

$$L = \sqrt{\rho(M_h^{-1}K_h)} \geq \frac{\sqrt{3}}{h} \quad \text{im hyperbolischen Fall}.$$

Die Lipschitz-Konstanten L sind also im interessanten Fall sehr kleiner Schrittweiten h sehr groß. Die Probleme sind steif.

Es gibt allerdings einen drastischen Unterschied bezüglich der genaueren Lage der Eigenwerte λ. Im parabolischen Fall liegen alle Eigenwerte auf der negativen reellen Achse, im hyperbolischen Fall auf der imaginären Achse. Dieser Unterschied macht sich auch im Verhalten der Runge-Kutta-Verfahren bemerkbar, wie wir in der nun anschließenden kurzen Diskussion feststellen werden.

Beispiel   Wir untersuchen das θ-Verfahren für das eindimensionale hyperbolische Modellproblem.

Für $\theta \geq 1/2$ ist das θ-Verfahren A-stabil und daher kontraktiv, da wir bereits wissen, dass das System dissipativ ist.

Für $\theta < 1/2$ ist das Verfahren nie kontraktiv: Alle Eigenwerte λ von J_h sind von 0 verschieden und rein-imaginär. Daher ist die Bedingung $\tau\lambda \in S$ für keine Schrittweite $\tau > 0$ erfüllbar: S ist eine Kreisscheibe, die komplett in $\mathbb{C}^-$ liegt und die imaginäre Achse nur im Punkt 0 schneidet.

So ist z.B. das explizite Euler-Verfahren für das semi-diskretisierte hyperbolische Modellproblem nie kontraktiv, ganz im Unterschied zum parabolischen Fall, wo wir zeigen konnten, dass das explizite Euler-Verfahren für hinreichend kleine Zeitschrittweiten kontraktiv ist.

Der Diskretisierungsfehler

Wir diskutieren nun etwas detaillierter das implizite Euler-Verfahren für (7.9):

$$\begin{aligned}
u_{j+1} &= u_j + \tau\, v_{j+1}, \\
v_{j+1} &= v_j - \tau\, Au_{j+1} + \tau\, f(t_{j+1}).
\end{aligned} \tag{7.11}$$

Aus (7.7) auf Seite 130 und dem Satz auf Seite 98 folgt:

$$\left\| U(t_j) - U_j \right\|_E \leq \tau \int_0^{t_j} \| U''(t) \|_E\, dt,$$

also

$$\left(\left\| u(t_j) - u_j \right\|_A^2 + \left\| u'(t_j) - v_j \right\|^2 \right)^{1/2} \leq \tau \int_0^{t_j} \left(\| u''(t) \|_A^2 + \| u'''(t) \|^2 \right)^{1/2} dt.$$

Diese Fehlerabschätzung ist optimal bezüglich τ. Das Auftreten des Terms $\| u''(t) \|_A$ führt allerdings bei Anwendung auf semi-diskretisierte hyperbolische Probleme auf nicht-optimale Abschätzungen bezüglich h.

Durch einen einfachen Trick lässt sich dieser Term verhindern. Dazu betrachten wir den Konsistenzfehler genauer, siehe (5.24) auf Seite 96:

$$\begin{aligned}
\Psi_{j+1}(U) &= (I - \tau J)^{-1} \left\{ \frac{1}{\tau} \left(U(t_{j+1}) - U(t_j) \right) - JU(t_{j+1}) - F(t_{j+1}) \right\} \\[2mm]
&= (I - \tau J)^{-1} \begin{bmatrix} \dfrac{1}{\tau} \left(u(t_{j+1}) - u(t_j) \right) - v(t_{j+1}) \\[3mm] \dfrac{1}{\tau} \left(v(t_{j+1}) - v(t_j) \right) + Au(t_{j+1}) - f(t_{j+1}) \end{bmatrix}.
\end{aligned} \tag{7.12}$$

Die Ursache für den Term $\| u''(t) \|_A$ ist die erste Komponente des Blockvektors in der zweiten Zeile von (7.12) (ohne Vorfaktor $(I - \tau J)^{-1}$). Diese Komponente misst den Unterschied zwischen linker und rechter Seite der ersten Zeile in (7.11), wenn man die Näherungslösung durch die exakte Lösung ersetzt. Die erste Zeile ist nur künstlich durch die Einführung von $v(t) = u'(t)$ entstanden und sollte daher auch keinen Beitrag zur Fehlerabschätzung leisten. Das erreicht man, indem man in (7.12) die Werte $v(t_k) = u'(t_k)$ durch die Werte $\tilde{v}_k$ mit

$$\tilde{v}_{j+1} = \frac{1}{\tau}\left(u(t_{j+1}) - u(t_j)\right) \quad \text{für } j = 0, \ldots, m-1,$$

und $\tilde{v}_0 = u'(0)$ ersetzt. Genauer gesagt: Wir werten die Abbildung Ψ_τ nicht für $U(t)$ aus, sondern für die Gitterfunktion $\tilde{U}_\tau\colon t_k \mapsto \tilde{U}_k$ mit

$$\tilde{U}_k = \begin{bmatrix} u(t_k) \\ \tilde{v}_k \end{bmatrix}$$

und erhalten dann offensichtlich eine verschwindende erste Komponente:

$$\Psi_{j+1}(\tilde{U}_\tau) = (I - \tau J)^{-1} \begin{bmatrix} 0 \\ \psi_{j+1}(u) \end{bmatrix} \tag{7.13}$$

für $j = 0, 1, \ldots, m-1$ und $\Psi_0(\tilde{U}_\tau) = \tilde{U}_0 - U_0 = 0$ mit

$$\begin{aligned} \psi_{j+1}(u) &= \frac{1}{\tau}\left(\tilde{v}_{j+1} - \tilde{v}_j\right) + Au(t_{j+1}) - f(t_{j+1}) \\ &= \begin{cases} \dfrac{1}{\tau^2}\left(u(t_{j+1}) - 2u(t_j) + u(t_{j-1})\right) + Au(t_{j+1}) - f(t_{j+1}) & \text{für } j \geq 1, \\[2mm] \dfrac{1}{\tau^2}\left(u(t_1) - u(0) - \tau\, u'(0)\right) + Au(t_1) - f(t_1) & \text{für } j = 0. \end{cases} \end{aligned}$$

Zusätzlich setzen wir $\psi_0(u) = \tilde{v}_0 - v_0 = 0$. Die Gitterfunktion $\psi_\tau(u)\colon t_k \mapsto \psi_k(u)$ lässt sich als Konsistenzfehler für das zugeordnete Zweischrittverfahren interpretieren: Sie misst den Unterschied zwischen linker und rechter Seite des Zweischrittverfahrens (7.5) bzw. (7.6) auf Seite 129, ausgewertet für die exakte Lösung $u(t)$.

Das Ersetzen von $U(t)$ durch $\tilde{U}_\tau$ bei der Auswertung von Ψ_τ hat nach dem Satz auf Seite 76 zur Folge, dass wir die Näherungslösung nicht mit der exakten Lösung, sondern zunächst nur mit $\tilde{U}_\tau$ vergleichen können: Es gilt

$$\left\|\tilde{U}_j - U_j\right\|_E \leq \tau \left\|\Psi_1(\tilde{U}_\tau)\right\|_E + \ldots + \tau \left\|\Psi_j(\tilde{U}_\tau)\right\|_E.$$

Wegen (7.13) und

$$\left\|(I - \tau J)^{-1}\right\|_E \leq 1,$$

siehe Übungsaufgabe 36, folgt dann sofort:

Für das implizite Euler-Verfahren gilt: **Satz**

$$\left\|\tilde{U}_j - U_j\right\|_E \leq \tau \left\|\psi_1(u)\right\| + \ldots + \tau \left\|\psi_j(u)\right\|$$

für alle $j = 0, 1, \ldots, m$.

Der nächste Schritt ist die Abschätzung des Konsistenzfehlers $\psi_\tau(u)$.

Satz

Sei u die Lösung von (7.8) und es gelte $u \in C^3([0, T], \mathbb{R}^n)$. Dann folgt für das implizite Euler-Verfahren:

$$\tau \, \|\psi_1(u)\| + \ldots + \tau \, \|\psi_j(u)\| \le \tau \left[\frac{1}{2} \, \|u''(0)\| + 2 \int_0^{t_j} \|u'''(t)\| \, dt \right].$$

Beweis. Für $j \ge 1$ gilt

$$\psi_{j+1}(u) = \frac{1}{\tau^2} \left(u(t_{j+1}) - 2u(t_j) + u(t_{j-1}) \right) - u''(t_{j+1})$$

$$= \frac{1}{\tau^2} \left(g(1) - 2g(0) + g(-1) - g''(1) \right)$$

mit $g(\sigma) = u(t_j + \sigma \tau)$. Aus Übungsaufgabe 37 folgt daher:

$$\|\psi_{j+1}(u)\| \le \frac{1}{\tau^2} \int_{-1}^{1} \|g'''(\sigma)\| \, d\sigma = \int_{t_{j-1}}^{t_{j+1}} \|u'''(t)\| \, dt.$$

Auf analoge Weise erhält man die Abschätzung

$$\|\psi_1(u)\| \le \frac{1}{2} \, \|u''(0)\| + \int_0^{t_1} \|u'''(t)\| \, dt.$$

Die Behauptung folgt dann durch Summation. $\qquad\square$

Aus den letzten beiden Sätzen erhalten wir:

$$\|\tilde{U}_j - U_j\|_E \le \tau \left[\frac{1}{2} \, \|u''(0)\| + 2 \int_0^{t_j} \|u'''(t)\| \, dt \right].$$

Damit können wir nun den Gesamtfehler $U(t_j) - U_j$ abschätzen: Wegen

$$U(t_j) - U_j = \left[U(t_j) - \tilde{U}_j \right] + \left[\tilde{U}_j - U_j \right] = \begin{bmatrix} 0 \\ u'(t_j) - \tilde{v}_j \end{bmatrix} + \left[\tilde{U}_j - U_j \right]$$

fehlt noch eine Schranke für $u'(t_j) - \tilde{v}_j$. Es gilt, siehe Übungsaufgabe 17:

$$\|u'(t_j) - \tilde{v}_j\| = \left\| u'(t_j) - \frac{1}{\tau} \left(u(t_j) - u(t_{j-1}) \right) \right\|$$

$$= \frac{1}{\tau} \left\| \tau \, u'(t_j) - \int_{t_{j-1}}^{t_j} u'(t) \, dt \right\| \le \int_{t_{j-1}}^{t_j} \|u''(t)\| \, dt \le \tau \max_{t \in [0, t_j]} \|u''(t)\|.$$

Setzen wir alle Teile zusammen, so erhalten wir schließlich mit Hilfe der Dreiecksungleichung:

Sei u die Lösung von (7.8) und es gelte $u \in C^3([0, T], \mathbb{R}^n)$. Dann folgt für das implizite Euler-Verfahren:

$$\|u(t_j) - u_j\|_A \leq \tau \left[\frac{1}{2} \|u''(0)\| + 2 \int_0^{t_j} \|u'''(t)\| \, dt \right]$$

und

$$\|u'(t_j) - v_j\| \leq \tau \left[\frac{1}{2} \|u''(0)\| + 2 \int_0^{t_j} \|u'''(t)\| \, dt + \max_{t \in [0, t_j]} \|u''(t)\| \right].$$

Satz

Wir haben also tatsächlich eine Abschätzung des Diskretisierungsfehlers ohne den Term $\|u''(t)\|_A$ erreicht.

■ 7.2
Voll-diskretisierte hyperbolische Probleme

Wir betrachten nun das hyperbolische Anfangsrandwertproblem

$$\frac{d^2}{dt^2}(u(t), v)_H + a(u(t), v) = \langle f(t), v \rangle \quad \text{für alle } v \in V, \ t \in (0, T),$$
$$u(0) = u_0,$$
$$u'(0) = v_0. \tag{7.14}$$

Die Semi-Diskretisierung mit einer Galerkin-Methode bezüglich der Ortsvariablen lieferte das Anfangswertproblem (in Standardform)

$$\underline{u}_h''(t) = M_h^{-1} \left[\underline{f}_h(t) - K_h \underline{u}_h(t) \right] \quad \text{für alle } t \in (0, T),$$
$$\underline{u}_h(0) = K_h^{-1} \underline{g}_h,$$
$$\underline{u}_h'(0) = M_h^{-1} \underline{h}_h.$$

Anschließend wurden Runge-Kutta-Verfahren zur Zeitdiskretisierung untersucht. Wir konzentrieren uns auch hier auf das θ-Verfahren und erhalten (nach einfacher Rechnung) das vollständig diskretisierte Problem für die Näherungen $\underline{u}_{h,k} \in \mathbb{R}^{n_h}$ in der typischen Form eines Zweischrittverfahrens:

$$\underline{u}_{h,j+1} = 2\underline{u}_{h,j} - \underline{u}_{h,j-1} + \tau^2 \underline{\phi}_{h,j}$$

mit $\underline{\phi}_{h,j}$ als Lösung des linearen Gleichungssystems

$$(M_h + \tau^2 \theta^2 K_h) \underline{\phi}_{h,j} = (1 - \theta)^2 \underline{f}_h(t_{j-1}) + 2\theta(1 - \theta)\underline{f}_h(t_j) + \theta^2 \underline{f}_h(t_{j+1})$$
$$- K_h \left[(1 - 2\theta) \underline{u}_{h,j-1} + 2\theta \, \underline{u}_{h,j} \right]$$

für $j \geq 1$ und

$$\underline{u}_{h,1} = \underline{u}_{h,0} + \tau \, \underline{v}_{h,0} + \tau^2 \, \theta \, \underline{\phi}_{h,0}$$

mit $\underline{\phi}_{h,0}$ als Lösung des linearen Gleichungssystems

$$(M_h + \tau^2 \, \theta^2 \, K_h) \, \underline{\phi}_{h,0} = (1 - \theta) \underline{f}_h(t_0) + \theta \underline{f}_h(t_1) - K_h\big(\underline{u}_{h,0} + \tau \, \theta \, \underline{v}_{h,0}\big)$$

und den Startwerten $\underline{u}_{h,0}$ und $\underline{v}_{h,0}$, die man aus den diskretisierten Anfangsbedingungen erhält.

In jedem Zeitschritt ist also ein lineares Gleichungssystem zu lösen. Es gelten analoge Aussagen über mögliche Verfahren zur Lösung dieser linearen Gleichungssysteme wie für voll-diskretisierte parabolische Probleme.

Der Diskretisierungsfehler

Wir beschränken uns der Einfachheit halber auf die Diskussion des impliziten Euler-Verfahrens und stellen das Verfahren in Form einer Näherungsgleichung

$$\underline{\Psi}_{h,\tau}(\underline{U}_{h,\tau}) = 0$$

dar, wobei $\underline{\Psi}_{h,\tau}(\underline{V}_{h,\tau}) \colon t_k \mapsto \underline{\Psi}_{h,k}(\underline{V}_{h,\tau})$ für eine Gitterfunktion $\underline{V}_{h,\tau} \colon t_k \mapsto \underline{V}_{h,k}$ durch

$$\underline{\Psi}_{h,j+1}(\underline{V}_{h,\tau}) = (I - \tau J_h)^{-1} \left\{ \frac{1}{\tau} \left(\underline{V}_{h,j+1} - \underline{V}_{h,j} \right) - J_h \underline{V}_{h,j+1} - \underline{F}_h(t_{j+1}) \right\}$$

mit

$$J_h = \begin{bmatrix} 0 & I \\ -M_h^{-1} K_h & 0 \end{bmatrix} \quad \text{und} \quad \underline{F}_h(t) = \begin{bmatrix} 0 \\ M_h^{-1} \underline{f}_h(t) \end{bmatrix}$$

für alle $j = 0, 1, \ldots, m - 1$ und $\underline{\Psi}_{h,0}(\underline{V}_{h,\tau}) = \underline{V}_{h,0} - \underline{U}_{h,0}$ gegeben ist, siehe (7.12) auf Seite 134. Die Gitterfunktion $\underline{U}_{h,\tau}$ ordnet jedem Zeitpunkt $t_j \in I_\tau$ einen Blockvektor $\underline{U}_{h,j} = (\underline{u}_{h,j}, \underline{v}_{h,j})^T$ zu, dem eine Näherung $U_{h,j} = (u_{h,j}, v_{h,j})^T \in V_h \times V_h$ der exakten Lösung $U(t_j) = (u(t_j), v(t_j))^T \in V \times H$ mit $v(t_j) = u'(t_j)$ entspricht.

Im parabolischen Fall haben wir gesehen, dass es zweckmäßig ist, die Näherungslösungen $u_{h,j} \in V_h$ des voll-diskretisierten Problems nicht mit der exakten Lösung $u_h(t_j) \in V_h$ des semi-diskretisierten Problems, sondern mit der Ritz-Projektion $\tilde{u}_{h,j} = \tilde{u}_h(t_j) = R_h u(t_j) \in V_h$ der exakten Lösung $u(t_j) \in V$ des unendlich-dimensionalen Problems zu vergleichen.

Im hyperbolischen Fall gehen wir genauso vor und setzen:

$$\tilde{u}_{h,j} = \tilde{u}_h(t_j) = R_h u(t_j).$$

Motiviert durch die Diskussionen des Diskretisierungsfehlers für lineare Systeme 2. Ordnung mit konstanten Koeffizienten wählen wir

$$\tilde{v}_{h,j+1} = \frac{1}{\tau} \big(\tilde{u}(t_{j+1}) - \tilde{u}(t_j) \big) \quad \text{für } j \geq 1 \quad \text{und} \quad \tilde{v}_{h,0} = \tilde{u}'(0)$$

und erhalten dann

$$\underline{\Psi}_{h,k}(\underline{\tilde{U}}_{h,\tau}) = (I - \tau J_h)^{-1} \begin{bmatrix} 0 \\ \underline{\tilde{\psi}}_{h,k} \end{bmatrix} \quad \text{für } \underline{\tilde{U}}_{h,\tau} : t_k \mapsto \underline{\tilde{U}}_{h,k} = \begin{bmatrix} \underline{\tilde{u}}_{h,k} \\ \underline{\tilde{v}}_{h,k} \end{bmatrix}$$

mit

$$\underline{\tilde{\psi}}_{h,j+1}$$
$$= \begin{cases} \dfrac{1}{\tau^2} \left(\underline{\tilde{u}}_h(t_{j+1}) - 2\underline{\tilde{u}}_h(t_j) + \underline{\tilde{u}}_h(t_{j-1}) \right) - M_h^{-1} \left(\underline{f}_h(t_{j+1}) - K_h \underline{\tilde{u}}_h(t_{j+1}) \right) \\ \qquad\qquad\qquad\qquad \text{für } j \geq 1, \\ \dfrac{1}{\tau^2} \left(\underline{\tilde{u}}_h(t_1) - \underline{\tilde{u}}_h(t_0) \right) - \tau \, \underline{\tilde{u}}_h'(t_0) \right) - M_h^{-1} \left(\underline{f}_h(t_1) - K_h \underline{\tilde{u}}_h(t_1) \right) \quad \text{für } j = 1 \end{cases}$$

und $\underline{\tilde{\psi}}_{h,0} = \underline{\tilde{u}}_h'(0) - \underline{u}_h(0)$.

Der Rest der Analyse verläuft völlig analog zum parabolischen Fall. Wir verzichten auf die Details und beschränken uns auf die Formulierung des Ergebnisses:

Sei u die Lösung von (7.14) und es gelte $u \in C^3([0, T], V)$. Dann folgt für das **Satz** implizite Euler-Verfahren:

$$\|u(t_j) - u_{h,j}\|_A \leq \tau \left[\frac{1}{2} \|u''(0)\|_H + 2 \int_0^{t_j} \|u'''(t)\|_H \, dt \right]$$
$$+ \|R_h u'(0) - u_h'(0)\|_H + \int_0^{t_j} \|[I - R_h]u''(t)\|_H \, dt + \|[I - R_h]u(t_j)\|_A$$

und

$$\|u'(t_j) - v_{h,j}\|_H \leq \tau \left[\frac{1}{2} \|u''(0)\|_H + 2 \int_0^{t_j} \|u'''(t)\|_H \, dt \right]$$
$$+ \tau \max_{t \in [0, t_j]} \left(\|u''(t)\|_H + \|(I - R_h)u'(t)\|_H \right)$$
$$+ \|R_h u'(0) - u_h'(0)\|_H + \int_0^{t_j} \|[I - R_h]u''(t)\|_H \, dt + \|[I - R_h]u'(t_j)\|_H.$$

Wie im parabolischen Fall unterscheiden sich die Abschätzungen des Diskretisierungsfehlers des voll-diskretisierten Problems von den entsprechenden Abschätzungen des semi-diskretisierten Problems nur um zusätzliche Terme der Größenordnung $\mathcal{O}(\tau)$.

Anwendung auf das hyperbolische Modellproblem

Unter der Voraussetzung, dass für die Lösung u des eindimensionalen hyperbolischen Modellproblems gilt $u \in C^3 \left([0, T], V \cap H^2(0, 1)\right)$, folgt aus dem obigen Satz völlig analog zum parabolischen Fall für das implizite Euler-Verfahren:

$$|u(t_j) - u_{h,j}|_{H^1(0,1)} = \mathcal{O}(\tau + h) \quad \text{und} \quad \|u'(t_j) - v_{h,j}\|_{L_2(0,1)} = \mathcal{O}(\tau + h^2).$$

Für das θ-Verfahren mit $\theta = 1/2$ (implizite Trapezregel) gilt sogar:

$$|u(t_j) - u_{h,j}|_{H^1(0,1)} = \mathcal{O}(\tau^2 + h) \quad \text{und} \quad \|u'(t_j) - v_{h,j}\|_{L_2(0,1)} = \mathcal{O}(\tau^2 + h^2)$$

falls $C^4\left([0, T], V \cap H^2(0, 1)\right)$, siehe die Übungsaufgaben 38 - 46.

WARNUNG: Beim semi-diskretisierten parabolischen Modellproblem konnten wir unter zusätzlichen Einschränkungen an die Zeitschrittweite auch erreichen, dass das explizite Euler-Verfahren kontraktiv ist. Wie wir gesehen haben, ist dies im hyperbolischen Fall nicht möglich.

Um dennoch mit sehr einfachen expliziten Verfahren Kontraktivität für hinreichend kleine Zeitschrittweiten sicherzustellen, erweitern wir im nächsten und abschließenden Kapitel die Klasse der Runge-Kutta-Verfahren.

Ergänzende Hinweise

Einen guten Einblick und Überblick zu Methoden für Anfangswertprobleme 2. Ordnung erhält man in [5]. Bezüglich voll-diskretisierter hyperbolischer Probleme wird auf [9] verwiesen.

Übungsaufgaben

36. Angenommen, $J \in \mathbb{R}^{n \times n}$ erfüllt die Bedingung

$$(Jv, v) \leq 0 \quad \text{für alle } v \in \mathbb{R}^n.$$

Zeigen Sie für alle $\tau > 0$: $I - \tau J$ ist regulär und es gilt

$$\left\| [I - \tau J]^{-1} \right\| \leq 1.$$

Hinweis: Zeigen Sie

$$(v, v) \leq ([I - \tau J]v, v)$$

und schätzen Sie die rechte Seite mit Hilfe der Cauchy-Ungleichung ab.

37. Zeigen Sie für $g \in C^3[-1, 1]$:

$$g(-1) - 2g(0) + g(1) - g''(1) = \frac{1}{2} \int_{-1}^{1} (\sigma|\sigma| - 2\sigma - 1)\, g'''(\sigma)\, d\sigma$$

und

$$|g(-1) - 2g(0) + g(1) - g''(1)| \leq \int_{-1}^{1} |g'''(\sigma)|\, d\sigma.$$

Hinweis: Verwenden Sie für $g(\sigma)$ die Taylor-Formel auf Seite 37 mit einem geeigneten Wert für p.

In den folgenden vier Übungsaufgaben wird die erfolgreiche Stabilitätsanalyse für das implizite Euler-Verfahren auf die implizite Trapezregel für (7.9) übertragen:

38. Die erste Zeile des impliziten Euler-Verfahrens (7.11) für (7.9) lässt sich leicht nach v_{j+1} auflösen:

$$v_{j+1} = \frac{1}{\tau}\left(u_{j+1} - u_j\right).$$

Daher war es leicht, $\tilde{v}_k$ so zu wählen, dass die erste Zeile in (7.11) erfüllt ist, wenn man u_k durch $u(t_k)$ und v_k durch $\tilde{v}_k$ ersetzt, und daher keinen Beitrag zum Fehler lieferte.

Aus der ersten Zeile der impliziten Trapezregel

$$u_{j+1} = u_j + \frac{\tau}{2}\left(v_j + v_{j+1}\right),$$
$$v_{j+1} = v_j - \frac{\tau}{2} A\left(u_j + u_{j+1}\right) + \frac{\tau}{2}\left[f(t_j) + f(t_{j+1})\right]$$

lässt sich ebenso leicht die Größe $v_{j+1}^* = (v_j + v_{j+1})/2$ direkt durch u_j und u_{j+1} darstellen:

$$v_{j+1}^* = \frac{1}{\tau}\left(u_{j+1} - u_j\right). \tag{7.15}$$

Um diese Eigenschaft für die Stabilitätsanalyse ausnutzen zu können, lohnt es sich, die implizite Trapezregel für die Mittelwerte

$$u_{k+1}^* = \frac{1}{2}\left(u_k + u_{k+1}\right), \quad v_{k+1}^* = \frac{1}{2}\left(v_k + v_{k+1}\right)$$

zu formulieren. Zeigen Sie für $j \geq 1$:

$$u_{j+1}^* = u_j^* + \frac{\tau}{2}\left(v_j^* + v_{j+1}^*\right),$$
$$v_{j+1}^* = v_j^* - \frac{\tau}{2} A\left(u_j^* + u_{j+1}^*\right) + \frac{\tau}{2}\left(f_j^* + f_{j+1}^*\right) \tag{7.16}$$

und

$$u_1^* = u_0 + \frac{\tau}{2} v_1^*,$$
$$v_1^* = v_0 - \frac{\tau}{2} A u_1^* + \frac{\tau}{2} f_1^*$$

mit $f_{k+1}^* = \left(f(t_k) + f(t_{k+1})\right)/2$.

39. Stellen Sie die implizite Trapezregel für die Mittelwerte $U_k^* = (u_k^*, v_k^*)^T$ als Einschrittverfahren dar:

$$U_{j+1}^* = U_j^* + \tau\, \Phi^*(t_j, U_j^*, \tau)$$

mit dem Startwert $U_0^* = U_0$ und einer geeigneten Funktion $\Phi^*(t, U, \tau)$.

40. Zeigen Sie: Das Einschrittverfahren aus Übungsaufgabe 39 ist bezüglich der E-Norm (siehe Seite 131) kontraktiv.

41. Zeigen Sie für die Gitterfunktion $\tilde{U}_\tau\colon t_k \mapsto \tilde{U}_k = (\tilde{u}_k, \tilde{v}_k)^T$, gegeben durch

$$\tilde{u}_{j+1} = \frac{1}{2}\left(u(t_j) + u(t_{j+1})\right) \quad \text{und} \quad \tilde{v}_{j+1} = \frac{1}{\tau}\left(u(t_{j+1}) - u(t_j)\right)$$

für $j \geq 0$ und $\tilde{U}_0 = U_0$: Für $j \geq 1$ gilt:

$$\tilde{u}_{j+1} = \tilde{u}_j + \frac{\tau}{2}\left(\tilde{v}_j + \tilde{v}_{j+1}\right),$$
$$\tilde{v}_{j+1} = \tilde{v}_j - \frac{\tau}{2} A\left(\tilde{u}_j + \tilde{u}_{j+1}\right) + \frac{\tau}{2}\left(f_j^* + f_{j+1}^*\right) + \tau\, \psi_{j+1}^*(u)$$

mit

$$\psi_{j+1}^*(u) = \frac{1}{\tau^2}\left(u(t_{j+1}) - 2u(t_j) + u(t_{j-1})\right)$$
$$- \frac{1}{4}\left(u''(t_{j-1}) + 2u''(t_j) + u''(t_{j+1})\right)$$

und

$$\tilde{u}_1 = u_0 + \frac{\tau}{2}\,\tilde{v}_1,$$
$$\tilde{v}_1 = v_0 - \frac{\tau}{2}A\tilde{u}_1 + \frac{\tau}{2}f_1^* + \tau\,\psi_1^*(u)$$

mit

$$\psi_1^*(u) = \frac{1}{\tau^2}\left(u(\tau) - u(0) - \tau\,u'(0)\right) - \frac{1}{4}\left(u''(0) + u''(\tau)\right).$$

Die Wahl von $\tilde{u}_k$ für den Vergleich mit u_k^* ist offensichtlich. Die Wahl von $\tilde{v}_k$ ist durch (7.15) motiviert, damit die erste Zeile von (7.16) keinen Beitrag zum Fehler liefert.

42. Zeigen Sie für die Gitterfunktion $\Psi_\tau^*(\tilde{U}_\tau)\colon t_k \mapsto \tilde{\Psi}_k^*(\tilde{U}_\tau)$, gegeben durch

$$\Psi_{j+1}^*(\tilde{U}_\tau) = \frac{1}{\tau}\left(\tilde{U}_{j+1} - \tilde{U}_j\right) - \Phi^*(t_j, \tilde{U}_j, \tau)$$

für $j \geq 0$ und $\Psi_0^*(\tilde{U}_\tau) = 0$, die folgende Darstellung für $k \geq 0$:

$$\Psi_{k+1}^*(\tilde{U}_\tau) = (I - \tfrac{1}{2}\tau J)^{-1}\begin{bmatrix} 0 \\ \psi_{k+1}^*(u) \end{bmatrix}.$$

43. Zeigen Sie folgende Stabilitätsaussage für die implizite Trapezregel:

$$\left\|\tilde{U}_j - U_j^*\right\|_E \leq \tau\,\|\psi_1^*(u)\| + \tau\,\|\psi_2^*(u)\| + \ldots + \tau\,\|\psi_j^*(u)\|.$$

In den folgenden drei Übungsaufgaben wird ein trickreicher alternativer Stabilitätsbeweis diskutiert:

44. Zeigen Sie für die implizite Trapezregel, angewendet auf (7.9), für $j \geq 1$:

$$\frac{1}{2}\left\|U_{j+1}^*\right\|_E^2 = \frac{1}{2}\left\|U_j^*\right\|_E^2 + \tau\left(\frac{1}{2}\left[f_j^* + f_{j+1}^*\right], \frac{1}{2}\left[v_j^* + v_{j+1}^*\right]\right).$$

Es gilt also eine diskrete Version der Energiebilanz, wie sie in Übungsaufgabe 30 formuliert wurde.

Hinweis: Bilden Sie das Skalarprodukt der zweiten Zeile von (7.16) mit $[v_j^* + v_{j+1}^*]/2 = [u_{j+1}^* - u_j^*]/\tau$.

45. Zeigen Sie für die implizite Trapezregel, angewendet auf (7.9), für $j \geq 1$:

$$\frac{1}{2}\left\|\tilde{U}_{j+1} - U_{j+1}^*\right\|_E^2 - \frac{1}{2}\left\|\tilde{U}_j - U_j^*\right\|_E^2$$
$$= \tau\left(\psi_{j+1}^*(u), \frac{1}{2}\left[\left(\tilde{v}_j - v_j^*\right) + \left(\tilde{v}_{j+1} - v_{j+1}^*\right)\right]\right).$$

Hinweis: Gehen Sie ähnlich wie in Übungsaufgabe 44 vor.

46. Zeigen Sie mit Hilfe der Identität aus Übungsaufgabe 45 für $j \geq 1$:

$$\left\| \tilde{U}_{j+1} - U_{j+1}^* \right\|_E \leq \left\| \tilde{U}_j - U_j^* \right\|_E + \tau \left\| \psi_{j+1}^*(u) \right\|.$$

Hinweis: Verwenden Sie die Cauchy-Ungleichung, um die rechte Seite der Identität aus Übungsaufgabe 45 nach oben abzuschätzen.

Aus der obigen Abschätzung und einer analogen Abschätzung für $j = 0$ folgt sofort die Stabilitätsabschätzung in Übungsaufgabe 43.

Die Größen $\psi_{j+1}^*(u)$ lassen sich ähnlich wie die Größen $\psi_{j+1}(u)$ beim impliziten Euler-Verfahren analysieren. Für das semi-diskretisierte eindimensionale hyperbolische Modellproblem folgen dann die Abschätzungen des Diskretisierungsfehlers von Seite 140.

8 Partitionierte Runge-Kutta-Verfahren

Wir haben ein System von Differentialgleichungen 2. Ordnung

$$u''(t) = f(t, u(t))$$

als ein äquivalentes System 1. Ordnung geschrieben:

$$u'(t) = v(t), \tag{8.1}$$

$$v'(t) = f(t, u(t)). \tag{8.2}$$

Es gibt also eine natürliche Aufteilung (Partitionierung) des Problems in 2 Teile. Man könnte daher für jeden der beiden Teile auch unterschiedliche Runge-Kutta-Verfahren verwenden. Derartig zusammengesetzte Verfahren nennt man partitionierte Runge-Kutta-Verfahren.

Verwendet man das θ-Verfahren für die erste Gleichung mit dem Parameter θ und für die zweite Gleichung mit dem Parameter $1 - \theta$, so erhält man:

$$u_{j+1} = u_j + \tau \left[(1 - \theta) v_j + \theta v_{j+1} \right],$$

$$v_{j+1} = v_j + \tau \left[\theta f(t_j, u_j) + (1 - \theta) f(t_{j+1}, u_{j+1}) \right].$$

Die Größen v_k lassen sich leicht eliminieren. Es entsteht ein Zweischrittverfahren:

$$u_{j+1} - 2u_j + u_{j-1} = \tau^2 \left[\sigma f(t_{j-1}, u_{j-1}) + (1 - 2\sigma) f(t_j, u_j) + \sigma f(t_{j+1}, u_{j+1}) \right]$$

für $j \geq 1$ mit $\sigma = \theta(1 - \theta)$ und den Startwerten u_0 und u_1, wobei u_1 durch

$$u_1 = u_0 + \tau v_0 + \tau^2 \left[\theta^2 f(t_0, u_0) + \theta(1 - \theta) f(t_1, u_1) \right]$$

gegeben ist. Für $\theta = 0$ ist das Verfahren besonders einfach:

$$u_{j+1} = u_j + \tau v_j,$$

$$v_{j+1} = v_j + \tau f(t_{j+1}, u_{j+1}) \tag{8.3}$$

oder als Zweischrittverfahren aufgeschrieben:

$$u_{j+1} - 2u_j + u_{j-1} = \tau^2 f(t_j, u_j)$$

mit den Startwerten u_0 und $u_1 = u_0 + \tau v_0$. Die Berechnung der nächsten Näherung erfordert nur eine Auswertung der rechten Seite f der Differentialgleichung. Diese Kombination eines expliziten und eines impliziten Euler-Verfahrens führt also auf ein Verfahren, dessen Durchführung nicht die Lösung einer Gleichung erfordert. In diesem Sinne ist es ein explizites Verfahren.

Lineare Differentialgleichungen mit konstanten Koeffizienten

Das Stabilitätsverhalten eines partitionierten Runge-Kutta-Verfahrens für lineare Systeme mit konstanten Koeffizienten lässt sich nicht auf die Diskussion einer komplexwertigen Stabilitätsfunktion $R(z)$ zurückführen. Die Stabilitätsanalyse ist komplizierter und wird im Folgenden für ein lineares System der Form

$$u''(t) + Au(t) = f(t)$$

diskutiert. Das entsprechende System 1. Ordnung lautet:

$$\begin{aligned} u'(t) &= v(t), \\ v'(t) &= f(t) - Au(t) \end{aligned} \quad \text{bzw.} \quad \begin{bmatrix} u'(t) \\ v'(t) \end{bmatrix} = J \begin{bmatrix} u(t) \\ v(t) \end{bmatrix} + \begin{bmatrix} 0 \\ f(t) \end{bmatrix} \text{ mit } J = \begin{bmatrix} 0 & I \\ -A & 0 \end{bmatrix}.$$

Dabei sei $A \in \mathbb{R}^{n \times n}$ selbstadjungiert und positiv definit bezüglich eines Skalarproduktes $(\cdot, \cdot)$ in $\mathbb{R}^n$.

Wir beschränken uns auf die Diskussion des Verfahrens (8.3), das hier folgende Form annimmt:

$$\begin{aligned} u_{j+1} &= u_j + \tau v_j, \\ v_{j+1} &= v_j - \tau Au_{j+1} + \tau f(t_{j+1}). \end{aligned} \tag{8.4}$$

Eliminiert man in der zweiten Zeile den Wert u_{j+1} mit Hilfe der ersten Zeile, so erhält man:

$$v_{j+1} = -\tau Au_j + (I - \tau^2 A)v_j + \tau f(t_{j+1}).$$

Also gilt:

$$\begin{bmatrix} u_{j+1} \\ v_{j+1} \end{bmatrix} = \begin{bmatrix} I & \tau I \\ -\tau A & I - \tau^2 A \end{bmatrix} \begin{bmatrix} u_j \\ v_j \end{bmatrix} + \tau \begin{bmatrix} 0 \\ f(t_{j+1}) \end{bmatrix}.$$

Für die Stabilitätsanalyse spielt $f(t)$ keine Rolle. Ohne Beschränkung der Allgemeinheit nehmen wir daher im folgenden an: $f(t) = 0$.

Ähnlich wie auf Seite 78 führen wir eine Variablentransformation durch: A besitzt eine orthonormale Basis von Eigenvektoren $\{e_i \in \mathbb{R}^n : i = 1, \ldots, n_h\}$ mit dazugehörigen positiven Eigenwerten $\mu_i, i = 1, \ldots, n$:

$$Ae_i = \mu_i e_i \quad \text{und} \quad (e_i, e_k) = \delta_{ik}.$$

Jeder Vektor $w \in \mathbb{R}^n$ lässt sich dann folgendermaßen schreiben:

$$w = \hat{w}_1 \, e_1 + \hat{w}_2 \, e_2 + \ldots + \hat{w}_n \, e_n$$

mit Koeffizienten $\hat{w}_1, \hat{w}_2, \ldots, \hat{w}_n \in \mathbb{R}$, die zu einem Vektor $\hat{w} \in \mathbb{R}^n$ zusammengefasst werden. Mit

$$D = \mathrm{diag}(\mu_1, \mu_2, \ldots, \mu_n) \in \mathbb{R}^{n \times n} \quad \text{und} \quad X = (e_1, e_2, \ldots, e_n) \in \mathbb{R}^{n \times n}$$

erhält man analog zum parabolischen Fall für die transformierten Größen $\hat{u}(t) = X^{-1} u(t)$ und $\hat{v}(t) = X^{-1} v(t)$ das Differentialgleichungssystem

$$\begin{bmatrix} \hat{u}'(t) \\ \hat{v}'(t) \end{bmatrix} = \begin{bmatrix} 0 & I \\ -D & 0 \end{bmatrix} \begin{bmatrix} \hat{u}(t) \\ \hat{v}(t) \end{bmatrix}.$$

Für die transformierten Größen $\hat{u}_k = X^{-1} u_k$ und $\hat{v}_k = X^{-1} v_k$ folgt:

$$\begin{bmatrix} \hat{u}_{j+1} \\ \hat{v}_{j+1} \end{bmatrix} = \begin{bmatrix} I & \tau I \\ -\tau D & I - \tau^2 D \end{bmatrix} \begin{bmatrix} \hat{u}_j \\ \hat{v}_j \end{bmatrix}.$$

Das transformierte Differentialgleichungssystem und das transformierte Verfahren zerfallen in n entkoppelte Teile:

$$\begin{bmatrix} \hat{u}_i'(t) \\ \hat{v}_i'(t) \end{bmatrix} = \begin{bmatrix} 0 & 1 \\ -\mu_i & 0 \end{bmatrix} \begin{bmatrix} \hat{u}_i(t) \\ \hat{v}_i(t) \end{bmatrix}$$

und

$$\begin{bmatrix} \hat{u}_{i,j+1} \\ \hat{v}_{i,j+1} \end{bmatrix} = \begin{bmatrix} 1 & \tau \\ -\tau\mu_i & 1 - \tau^2 \mu_i \end{bmatrix} \begin{bmatrix} \hat{u}_{i,j} \\ \hat{v}_{i,j} \end{bmatrix}. \tag{8.5}$$

Jedem der Eigenwerte μ_i von A sind zwei Eigenwerte λ_i^+ und λ_i^- der Matrix J zugeordnet, siehe Seite 132. Bezeichnet man den gemeinsamen Betrag von λ_i^+ und λ_i^- mit $|\lambda_i|$, so gilt $|\lambda_i| = \sqrt{\mu_i}$ und man erhält aus (8.5):

$$\begin{bmatrix} |\lambda_i| \, \hat{u}_{i,j+1} \\ \hat{v}_{i,j+1} \end{bmatrix} = G(\tau|\lambda_i|) \begin{bmatrix} |\lambda_i| \, \hat{u}_{i,j} \\ \hat{v}_{i,j} \end{bmatrix} \quad \text{mit} \quad G(z) = \begin{bmatrix} 1 & z \\ -z & 1 - z^2 \end{bmatrix}.$$

Anstelle von $R(z) \in \mathbb{C}$ bei (normalen) Runge-Kutta-Verfahren beschreibt nun die Matrix $G(z) \in \mathbb{R}^{2 \times 2}$ den Übergang zur nächsten Näherung.

Wir untersuchen analog zum Satz auf Seite 87 die Kontraktivität in der E-Norm: Die Bedingung

$$\|U_+\|_E \leq \|U\|_E \quad \text{für alle } U \in \mathbb{R}^n \times \mathbb{R}^n \tag{8.6}$$

ist zu überprüfen, wobei $U_+ = (u_+, v_+)^T$ jenen Vektor bezeichnet, den man nach einem Schritt des Verfahrens mit Startwert $U = (u, v)^T$ und Schrittweite τ erhält.

Wegen

$$\|U\|_E^2 = \left\|\begin{bmatrix} u \\ v \end{bmatrix}\right\|_E^2 = (Au, u) + (v, v) = \sum_{i=1}^n \left(\mu_i \left|\hat{u}_i\right|^2 + \left|\hat{v}_i\right|^2\right) = \sum_{i=1}^n \left\|\begin{bmatrix} |\lambda_i|\,\hat{u}_i \\ \hat{v}_i \end{bmatrix}\right\|_{\ell_2}^2,$$

der analogen Beziehung für $U_+ = (u_+, v_+)^T$ und der vorhin hergeleiteten Darstellung der nächsten Näherung

$$\begin{bmatrix} |\lambda_i|\,\hat{u}_{i,+} \\ \hat{v}_{i,+} \end{bmatrix} = G(\tau|\lambda_i|) \begin{bmatrix} |\lambda_i|\,\hat{u}_i \\ \hat{v}_i \end{bmatrix}$$

ist das Verfahren genau dann kontraktiv, wenn gilt:

$$\sum_{i=1}^n \left\| G(\tau|\lambda_i|) \begin{bmatrix} |\lambda_i|\,\hat{u}_i \\ \hat{v}_i \end{bmatrix}\right\|_{\ell_2}^2 \leq \sum_{i=1}^n \left\|\begin{bmatrix} |\lambda_i|\,\hat{u}_i \\ \hat{v}_i \end{bmatrix}\right\|_{\ell_2}^2 \quad \text{für alle } \hat{u},\ \hat{v} \in \mathbb{R}^n,$$

d.h.:

$$\|G(\tau|\lambda_i|)\|_{\ell_2} \leq 1 \quad \text{für alle } i = 1, 2, \ldots, n.$$

Unglückerweise ist diese Bedingung nur für den uninteressanten Fall $\tau = 0$ erfüllt.

Wir versuchen es noch einmal. Diesmal starten wir mit der Annahme, dass es eine (von U, τ und k unabhängige) Konstante C gibt, sodass

$$\|U_{+k}\|_E \leq C\,\|U\|_E \quad \text{für alle } U \in \mathbb{R}^n \times \mathbb{R}^n \text{ und für alle } k \in \mathbb{N}, \qquad (8.7)$$

wobei U_{+k} das Resultat des Verfahrens nach k Schritten mit Startwert U und Schrittweite τ bezeichnet. Diese Annahme ist schwächer als die Forderung (8.6).

Da U_{+k} linear von U abhängt, folgt aus (8.7)

$$\|W_j - V_j\|_E \leq C\,\|W_k - V_k\|_E \quad \text{für alle } j \geq k$$

für zwei mit dem Verfahren erzeugte Folgen $(V_\ell)_{\ell=k,k+1,\ldots,m}$, $(W_\ell)_{\ell=k,k+1,\ldots,m}$ von Näherungen. Also gilt eine ähnliche Abschätzung wie im Lemma auf Seite 47, allerdings mit dem Faktor C anstelle von $e^{(t_j-t_k)L}$. Daraus folgt dann genau wie im Beweis zum Satz auf Seite 49:

$$\|U(t_j) - U_j\|_E \leq C\left[\tau\,\|\Psi_1(U)\|_E + \ldots + \|\Psi_j(U)\|_E\right],$$

eine uns schon vertraute Form der Abschätzung des globalen Fehlers durch den Konsistenzfehler.

Es bleibt also die Aufgabe, Bedingungen (an die Schrittweite) zu finden, sodass (8.7) gilt. Völlig analog zur Untersuchung der Kontraktivität folgt, dass (8.7) zur folgenden Bedingung äquivalent ist:

$$\left\| G(\tau|\lambda_i|)^k \right\|_{\ell_2} \leq C \quad \text{für alle } i = 1, 2, \ldots, n \text{ und alle } k \in \mathbb{N}.$$

Notwendig für diese Bedingung ist es, dass die Eigenwerte von $G(\tau|\lambda_i|)$ dem Betrage nach kleiner gleich 1 sind. Wir untersuchen daher die Eigenwerte der Matrix $G(z)$: Für $0 < z < 2$ bilden die beiden Eigenwerte ein konjugiert komplexes Paar $\lambda(z)$ und $\overline{\lambda(z)}$ mit

$$\lambda(z) = 1 - \frac{z^2}{2} + iz\sqrt{1 - \frac{z^2}{4}} \quad \text{und} \quad |\lambda(z)| = |\overline{\lambda(z)}| = 1.$$

Für $z = 0$ erhält man den Eigenwert 1 mit Vielfachheit 2, für $z = 2$ den Eigenwert -1 mit Vielfachheit 2. Für $z > 2$ ist der Betrag des betragsgrößten Eigenwertes größer als 1. Daraus folgt die notwendige Bedingung

$$0 \le z \le 2,$$

damit die Eigenwerte dem Betrage nach kleiner gleich 1 sind. Wir betrachten die geringfügig stärkere Bedingung

$$0 < z \le c \quad \text{für eine Konstante } c < 2.$$

In diesem Fall lässt sich die Matrix $G(z)$ diagonalisieren:

$$S(z)G(z)S(z)^{-1} = \begin{bmatrix} \lambda(z) & 0 \\ 0 & \overline{\lambda(z)} \end{bmatrix} \quad \text{mit} \quad S(z) = \frac{1}{\sqrt{2}} \begin{bmatrix} -\frac{z}{2} - i\sqrt{1 - \frac{z^2}{4}} & -1 \\ +\frac{z}{2} - i\sqrt{1 - \frac{z^2}{4}} & 1 \end{bmatrix}.$$

(Die Zeilen von $S(z)$ sind Linkseigenvektoren von $G(z)$.) Daraus folgt

$$G(z)^k = S(z)^{-1} \begin{bmatrix} \lambda(z)^k & 0 \\ 0 & \overline{\lambda(z)}^k \end{bmatrix} S(z)$$

und daher wegen $|\lambda(z)| = |\overline{\lambda(z)}| = 1$:

$$\|G(z)^k\|_{\ell_2} \le \|S(z)\|_{\ell_2} \|S(z)^{-1}\|_{\ell_2}.$$

Es gilt

$$\|S(z)\|_{\ell_2} \|S(z)^{-1}\|_{\ell_2} = \sqrt{\frac{\lambda_{\max}(H(z))}{\lambda_{\min}(H(z))}} \quad \text{mit} \quad H(z) = S(z)^H S(z) = \begin{bmatrix} 1 & \frac{z}{2} \\ \frac{z}{2} & 1 \end{bmatrix}$$

und der Bezeichnung $M^H = \overline{M}^T$ für komplexe Matrizen M. Die Eigenwerte von $S(z)^H S(z)$ sind $1 + z/2$ und $1 - z/2$. Daher erhalten wir

$$\|S(z)\|_{\ell_2} \|S(z)^{-1}\|_{\ell_2} = \sqrt{\frac{1 + z/2}{1 - z/2}} = \sqrt{\frac{2+z}{2-z}} \le \sqrt{\frac{2+c}{2-c}},$$

also

$$\|G(z)^k\|_{\ell_2} \le \sqrt{\frac{2+c}{2-c}} \quad \text{für alle } z \text{ mit } 0 < z < c.$$

Die Bedingung (8.7) und damit die Stabilität des Verfahrens ist also gegeben, falls wir sicherstellen, dass $0 < z \leq c$ mit $c < 2$ für alle z der Form $\tau|\lambda_i|$ mit $|\lambda_i| = \sqrt{\mu_i}$, wobei μ_i ein Eigenwert von A ist. Die größte Einschränkung an die Schrittweite erhält man für den größten Eigenwert. Es gilt also:

Satz

Sei c eine Konstante mit $0 < c < 2$. Dann ist das partitionierte Runge-Kutta-Verfahren (8.4) in der E-Norm stabil mit Stabilitätskonstante

$$C = \sqrt{\frac{2+c}{2-c}},$$

falls die Schrittweite die folgende Bedingung erfüllt:

$$\tau \leq \frac{c}{\sqrt{\rho(A)}}.$$

Im Speziellen gilt unter dieser Bedingung die Abschätzung:

$$\|U(t_j) - U_j\|_E \leq C\left[\tau\,\|\Psi_1(U)\|_E + \ldots + \tau\,\|\Psi_j(U)\|_E\right].$$

Bemerkung. Man beachte, dass die Stabilitätskonstante nicht von $A \in \mathbb{R}^{n \times n}$ abhängt und daher auch nicht von der Lipschitz-Konstanten der rechten Seite des äquivalenten Systems 1. Ordnung. Die Konstante C lässt sich tatsächlich klein halten. So folgt z.B. für $c = 1$ die Stabilitätskonstante $C = \sqrt{3}$.

Für den Nachweis der Konvergenz bei vorhandener Stabilität muss nur noch der Konsistenzfehler analysiert werden. Dieser Teil der Analyse verläuft vollständig analog zum Fall der (normalen) Runge-Kutta-Verfahren. Wir verzichten auf eine detaillierte Darstellung.

Beispiel

Wir betrachten das eindimensionale hyperbolische Modellproblem, semi-diskretisiert mit dem Courant-Element. Wegen

$$\rho(M_h^{-1}K_h) \leq \frac{12}{h^2}$$

erfüllen Schrittweiten τ mit

$$\tau \leq \frac{c}{\sqrt{12/h^2}} = \frac{c}{2\sqrt{3}}\,h \quad \text{für eine Konstante } c < 2$$

die Voraussetzungen des obigen Lemmas. Man beachte, dass diese Schrittweitenbeschränkung für das betrachtete explizite partitionierte Runge-Kutta-Verfahren wesentlich schwächer ist als die Schrittweitenbeschränkung für das explizite Euler-Verfahren für das eindimensionale parabolische Modellproblem.

Unter der Voraussetzung $u \in C^4([0, T], V \cap H^2(0, 1))$ erhält man folgende Abschätzungen des Diskretisierungsfehlers:

$$|u(t_j) - u_{h,j}|_{H^1(0,1)} = \mathcal{O}(\tau^2 + h) \quad \text{und} \quad \|u'(t_j) - v_{h,j}\|_{L_2(0,1)} = \mathcal{O}(\tau^2 + h^2).$$

Ergänzende Hinweise

Wichtige Informationen zu partitionierten Verfahren findet man in den beiden Bänden [5] und [6].

Die hier vorgestellte Stabilitätsanalyse lässt sich als Spezialfall einer wesentlich allgemeineren Technik sehen, deren Fundament der berühmte Matrix-Satz von Kreiss über die Charakterisierung von stabilen Familien von Matrizen ist, siehe [8] für die Orginalarbeit. Eine Diskussion des Matrix-Satzes findet man in vielen Büchern über numerische Methoden für Differentialgleichungen, z.B. in [12].

Übungsaufgaben

47. Sei $0 < z < 2$. Für die reelle Matrix $H(z) = S(z)^H S(z)$ lässt sich ein Skalarprodukt einführen:
$$(x, y)_{H(z)} = (H(z)x, y)_{\ell_2} \quad \text{für } x, y, \in \mathbb{R}^2.$$
Zeigen Sie für die zugeordnete Norm $\|y\|_{H(z)} = \sqrt{(y, y)_{H(z)}}$:
$$\|G(z)y\|_{H(z)} = \|y\|_{H(z)} \quad \text{für alle } y \in \mathbb{R}^2, \quad \text{also} \quad \|G(z)\|_{H(z)} = 1.$$
Hinweis: Zeigen Sie die Identität $G(z)^T H(z) G(z) = H(z)$.

48. Sei $\tau < 2/\sqrt{\rho(A)}$. Zeigen Sie, dass das Verfahren (8.4) in der $\tilde{E}$-Norm, gegeben durch
$$\left\| \begin{bmatrix} u \\ v \end{bmatrix} \right\|_{\tilde{E}}^2 = \sum_{i=1}^{n} \left\| \begin{bmatrix} |\lambda_i| \, \hat{u}_i \\ \hat{v}_i \end{bmatrix} \right\|_{H(\tau|\lambda_i|)}^2,$$
kontraktiv ist.

49. Sei $\tau < 2/\sqrt{\rho(A)}$. Zeigen Sie:
$$\left\| \begin{bmatrix} u \\ v \end{bmatrix} \right\|_{\tilde{E}}^2 = (Au, u + \tau v) + (v, v) \quad \text{für alle } u, v \in \mathbb{R}^n.$$
Die $\tilde{E}$-Norm lässt sich also auch ohne transformierte Größen darstellen.

50. Sei $\tau \leq c/\sqrt{\rho(A)}$ mit $0 < c < 2$. Zeigen Sie:
$$\left(1 - \frac{c}{2}\right) \left\| \begin{bmatrix} u \\ v \end{bmatrix} \right\|_{E}^2 \leq \left\| \begin{bmatrix} u \\ v \end{bmatrix} \right\|_{\tilde{E}}^2 \leq \left(1 + \frac{c}{2}\right) \left\| \begin{bmatrix} u \\ v \end{bmatrix} \right\|_{E}^2 \quad \text{für alle } u, v \in \mathbb{R}^n.$$
Hinweis: Schätzen Sie $(H(z)y, y)_{\ell_2}$ mit Hilfe des Lemmas auf Seite 60 in Band 1 nach unten und oben ab.

Aus der Kontraktivität in der $\tilde{E}$-Norm und der hier nachgewiesenen Äquivalenz zur E-Norm, folgt sofort die Stabilität in der E-Norm.

51. Sei $\tau < 2/\sqrt{\rho(A)}$. Zeigen Sie für das Verfahren (8.4):
$$\frac{1}{2} \left\| U_{j+1} \right\|_{\tilde{E}}^2 - \frac{1}{2} \left\| U_j \right\|_{\tilde{E}}^2 + \iota \left(f(\iota_{j+1}), \frac{1}{2}(v_j + v_{j+1}) \right).$$
Es gilt also eine diskrete Version der Energiebilanz, wie sie in Übungsaufgabe 30 formuliert wurde. Daraus erhält man direkt (ohne Variablentransformation) analoge Stabilitätsaussagen wie in Übungsaufgabe 46 für geeignete Größen $\tilde{U}_k$ und $\psi_k(u)$.

Hinweis: Multiplizieren Sie die zweite Zeile in (8.4) mit $(v_j + v_{j+1})/2 = (u_{j+2} - u_j)/(2\tau)$.

52. Die allgemeine Form eines partitionierten Runge-Kutta-Verfahrens für das System
1. Ordnung (8.1), (8.2) mit Koeffizienten A, b und c für (8.1) und Koeffizienten A', b'
und $c' = c$ für (8.2) lautet offensichtlich:

$$g_i = u_j + \tau \sum_{k=1}^{s} a_{ik} h_k \qquad \text{für } i = 1, 2, \ldots, s,$$

$$h_i = v_j + \tau \sum_{k=1}^{s} a'_{ik} f(t_j + c_k \tau, g_k) \quad \text{für } i = 1, 2, \ldots, s$$

und

$$u_{j+1} = u_j + \tau \sum_{i=1}^{s} b_i h_i, \quad v_{j+1} = v_j + \tau \sum_{i=1}^{s} b'_i f(t_j + c_i \tau, g_i).$$

Dabei bezeichnen g_i die Näherungen von $u(t_j + c_i \tau)$ und h_i die Näherungen von $v(t_j + c_i \tau)$. Stellen Sie für die Tableaus

$$\frac{\begin{array}{c|c} c & A \end{array}}{\begin{array}{c|c} & b^T \end{array}} = \frac{\begin{array}{c|cc} 0 & 0 & 0 \\ 1 & \frac{1}{2} & \frac{1}{2} \end{array}}{\begin{array}{c|cc} & \frac{1}{2} & \frac{1}{2} \end{array}} \quad \text{und} \quad \frac{\begin{array}{c|c} c & A' \end{array}}{\begin{array}{c|c} & (b')^T \end{array}} = \frac{\begin{array}{c|cc} 0 & 0 & 0 \\ 1 & 1-2\beta & 2\beta \end{array}}{\begin{array}{c|cc} & 1-\gamma & \gamma \end{array}}$$

diese Gleichungen auf. Zeigen Sie, dass nach Elimination der Größen g_i und h_i das so
genannte Newmark-Verfahren entsteht:

$$u_{j+1} = u_j + \tau v_j + \frac{\tau^2}{2} \left[(1 - 2\beta) f(t_j, u_j) + 2\beta f(t_{j+1}, u_{j+1}) \right],$$

$$v_{j+1} = v_j + \tau \left[(1 - \gamma) f(t_j, u_j) + \gamma f(t_{j+1}, u_{j+1}) \right].$$

Es ist ein vor allem in der Mechanik sehr bekanntes Verfahren, das sich also als parti-
tioniertes Runge-Kutta-Verfahren interpretieren lässt. Die erste Zeile hat das Aussehen
einer Taylor-Entwicklung für u, wobei sich der Term $(1-2\beta) f(t_j, u_j)+2\beta f(t_{j+1}, u_{j+1})$ als
Näherung für die zweite Ableitung, also im Kontext der Mechanik als (gemittelte) Be-
schleunigung interpretieren lässt. Die zweite Zeile hat das Aussehen eines θ-Verfahrens
mit $\theta = \gamma$.

Literaturverzeichnis

[1] Peter Deuflhard and Folkmar Bornemann. *Numerische Mathematik. 2: Gewöhnliche Differentialgleichungen.* de Gruyter Lehrbuch. Berlin: de Gruyter, 2008.

[2] Peter Deuflhard and Andreas Hohmann. *Numerische Mathematik. 1: Eine algorithmisch orientierte Einführung.* de Gruyter Lehrbuch. Berlin: de Gruyter, 2008.

[3] Roland W. Freund and Ronald H. W. Hoppe. *Stoer/Burlirsch: Numerische Mathematik 1.* Springer-Lehrbuch. Berlin: Springer, 2007.

[4] Großmann, Christian and Roos, Hans-Görg. *Numerische Behandlung partieller Differentialgleichungen.* Teubner Studienbücher Mathematik. Wiesbaden: Teubner, 2005.

[5] Ernst Hairer, Syvert P. Nørsett, and Gerhard Wanner. *Solving Ordinary Differential Equations. I: Nonstiff Problems. 2nd rev. ed.* Springer Series in Computational Mathematics. 8. Berlin: Springer, 1993.

[6] Ernst Hairer and Gerhard Wanner. *Solving Ordinary Differential Equations. II: Stiff and Differential-Algebraic Problems. 2nd rev. ed.* Springer Series in Computational Mathematics. 14. Berlin: Springer, 1996.

[7] Peter Knabner and Lutz Angermann. *Numerik partieller Differentialgleichungen. Eine anwendungsorientierte Einführung.* Berlin: Springer, 2000.

[8] Heinz-Otto Kreiss. Über die Stabilitätsdefinition für Differenzengleichungen, die partielle Differentialgleichungen approximieren. *Nord. Tidskr. Inf.-behandl. (BIT)*, 2:153–181, 1962.

[9] Stig Larsson and Vidar Thomée. *Partielle Differentialgleichungen und numerische Methoden.* Berlin: Springer, 2005.

[10] Jacques Louis Lions and Enrico Magenes. *Non-Homogeneous Boundary Value Problems and Applications. Vol. I.* Die Grundlehren der mathematischen Wissenschaften. Band 181. Berlin-Heidelberg-New York: Springer, 1972.

[11] Josef Stoer and Roland Bulirsch. *Numerische Mathematik 2. Eine Einführung – unter Berücksichtigung von Vorlesungen von F. L. Bauer.* Springer-Lehrbuch. Berlin: Springer, 2005.

[12] John C. Strikwerda. *Finite Difference Schemes and Partial Differential Equations. 2nd ed.* Philadelphia, PA: Society for Industrial and Applied Mathematics (SIAM), 2004.

[13] Vidar Thomée. *Galerkin Finite Element Methods for Parabolic Problems. 2nd rev. ed.* Berlin: Springer, 2006.

[14] Eberhard Zeidler. *Nonlinear Functional Analysis and its Applications. II/A: Linear Monotone Operators.* New York: Springer, 1990.

[15] Eberhard Zeidler. *Nonlinear Functional Analysis and its Applications. II/B: Nonlinear Monotone Operators.* New York: Springer, 1990.

[16] Walter Zulehner. *Numerische Mathematik. Eine Einführung anhand von Differentialgleichungsproblemen. Band 1: Stationäre Probleme.* Mathematik Kompakt. Basel: Birkhäuser, 2008.

Index